JN210117

わけがわかる機械学習

現実の問題を解くために、しくみを理解する

中谷秀洋 著
Nakatani Shuyo

技術評論社

第0章

はじめに

第0章 はじめに

のっけから失礼しますが、機械学習をなんのために勉強しますか？ おもしろそうだから、という人もいるでしょうが、ほとんどの人は現実の解きたい問題に応用するためですよね。

何かを応用できる形で身につけたいとき、ひたすら「こういうときはこうする」を覚えるという手があります。実際、教科書や問題集に載っているような問題なら、「こういうときはこうする」でだいたい解けるでしょう。

しかし現実の問題はパターンもデータも千差万別、算数のドリルのようには解けません。しかも本書でのちほど説明するとおり、機械学習には正解なんかありません。100点満点の答えが存在しないからこそ、「なぜその方法で解いたのか」「なぜそんな計算ができるのか」は重要です。

もう少し具体的に言うと、機械学習そのものやそのモデル・アルゴリズムがその形になっている成り立ちや動機を知り、「機械学習がそんなことをしたい、してもいい理由（わけ）」を把握することで、今解きたい問題に機械学習を使うにはどうしたらよいか、どこを変えると性能を上げられる可能性があるか、そもそも機械学習を使わないほうがいいか（！）という判断ができるようになります。

とはいえ、機械学習のモデルは無数にあり、すべてのモデルがそれぞれの理由を持っています。そのすべてを紹介することは不可能ですが、機械学習の理由を組み立てるパターンは実はそんなに多くありません。この「機械学習の理由を組み立てるパターン」が本書のテーマ、機械学習の「理屈」と呼んでいます。

機械学習の「理論」とどう違うの？ という疑問もあるかもしれませんね。機械学習の理論とは、体系付けられた知識と、それをもとに「こうあるべき」を分析したものです。平たく言うと、「機械学習は何ができるのか、何ができないのか」を明らかにするのが理論の仕事であり、機械学習を安心して使うためにとても重要です。「機械学習でそうするべき理由」は理論で説明できますが、本書のターゲットである「そうしたい理由」は説明できません。

この本は機械学習を身につける早道ではありませんが、機械学習をこれから勉強しようとしている人、機械学習を勉強してみたけど「なぜこんなことをするんだろう」というモヤモヤを抱えている人には、機械学習の理由（わけ）や理屈という「急がば回れ」はきっとよく効くと思います。

0.1 本書の対象読者と構成

本書は「数式がなくてもわかる本」ではありません。機械学習の理解と応用には数学が重要であり、本書でも「機械学習の理屈」に必要なら遠慮なく数式を使います。数式を飛ばして読んでも得るものがあるように書いているつもりではいますが、数式もしっかり読んでもらうのが一番です。

したがって本書の主要な想定読者は、本書で用いる数学である線形代数（ベクトル・行列）と解析（微積分）についてひととおり学んだことのある人となります。本書で使う線形代数と解析の知識と記法は、巻末の付録に簡単にまとめています。

また機械学習には（モデルにもよりますが）確率の知識も必要です。こちらは確率の基本的な考え方（第２章）、連続確率（第３章）、そしてベイズ確率（第５章）の３章に分けて手厚く解説しています。

線形代数たちとの扱いの違いは、確率が「一見簡単に見えるが、高校までで学んだ『確率』とは本質的に異なる」という事情を持つためです。統計や機械学習において重要な役割を果たすベイズ確率や連続確率は、「高校までの数学に出てくる確率」の延長で考えようとすると気持ち悪くてモヤモヤするでしょう。確率を「起きるかもしれないことがら」を数値で表現する統一的な枠組みという近代的なモデルで理解することで、初めて確率の理屈を納得できます。そのため確率については特に知識を仮定せず、かつ本書の方針に従って「確率とは何か、なぜそのようなものを考えたいか」から解説しています。

機械学習や統計で用いられる分布やモデルのカタログ的な本も多くありますが、本書はそのような網羅性はなく、紹介する機械学習のモデルは主に初歩的なものに限られます。流行りの深層学習についても、機械学習の枠組みの中でどのような位置づけにあるかなどは紹介していますが、具体的な手法については触れません。

本書の各章の内容を紹介します。

第１章では、機械学習ともっとも重要な考え方であるモデルとは何者で、何ができて何ができないかを説明します。また人工知能と深層学習についても、機械学習との関係を中心に簡単に解説しています。第２章（確率）と第３章（連続確率と正規分布）、そして第５章（ベイズ確率）は上述のとおり確率をその考え方から説明しています。第４章は機械学習のもっとも基本的なモデルのひとつである線形回帰を解説します。第6章ではその線形回帰をベイズ化することで、ベイズ確率の大きなメリットのひとつを実感してもらいます。第7章は、機械学習の多くの応用で使われる分類問題について、その代表的なモデルのいくつかとともに紹介します。第8章では、最適化法と言われる関数の最小値を探索する手法全般を簡単に紹介し、ロジスティック回帰（7.4節）を実際にその手法のひとつで解きます。機械学習を含めた多くの科学分野では、問題を解の良さを表す関数に書き換えて、最適化の問題に落とし込む枠組みで解かれることがとても多いです。第9章は機械学習のモデルを選択する方法です。この章までに見るとおり、機械学習の解は選んだモデルによって決まるため、良いモデルを選ぶことは機械学習でもっとも重要なことのひとつです。最後に第10章で本書のまとめと補足を行います。

0.2 謝辞

本書の執筆にあたっては、伊藤徹郎さん、平田智章さん、山田高大さん、そして江原遥さん（静岡理工科大学講師）を始めとした多くの方にご協力いただきました。いただいたレビューのおかげで間違いやあいまいさを減らし、わかりやすさを改善することができました。本当にありがとうございました。

第1章

機械学習ことはじめ

機械学習や人工知能というと「データから勝手に学習して、使えば使うほど賢くなる」というイメージがあるかもしれません。実際、そう謳(うた)っている記事やサービスを目にしたこともあるでしょう。

しかし、夢を打ち砕いてしまったらたいへん申し訳ないですが、機械学習は『学習』しませんし、現実の人工知能は勝手に賢くなったりしません。

機械学習が「データから学習する」というときの「学習」は機械学習の専門用語であり、一般動詞の『学習する』、つまり新しい知識を身につけたり、今までできなかったことができるようになることではないのです。

本章は機械学習の正しい理解と、多くの科学分野で重要な概念である「モデル」について解説します。また、最近ブームの深層学習と人工知能について、機械学習とどのような関係があるか簡単に紹介します。

1.1 機械学習とは

機械学習の「機械」は、印刷機やポンプや工場に並んでいるようなガッツリした機械などではなく、コンピュータを指しています。

では、機械学習の「学習」のほうはなんでしょう。

日常的な意味での『学習』とは、本を読んだり問題を解いたり誰かに教えてもらったりして、知らなかった知識や技術を理解し覚え身につけ、今までわからなかったことがわかるようになり、できなかったことができるようになることでしょう。この本を読むことも立派な『学習』のひとつです。

しかし機械学習とは、コンピュータが何かを理解して、できなかったことができるようになる技術ではありません。具体的な機械学習の手法の紹介はのちの章に譲って、この節では「機械学習とは本質的に何か」を身近なテレビの例を使って説明しましょう。

ほとんどすべてのテレビやディスプレイは、赤・緑・青の色の強さを調整できるようになっています（**図1.1**）。

例えば青のつまみを数値が増える方に動かすと、青の成分が強調された表示になります。これは「テレビに映る色を、実際に目にしたときに感じる色に近づけたい」という問題を解決するための仕組みです。

例えばテレビに映っている青空が少しくすんで見えるなら、画面を見ながら各色の強さを調整することで自分の感じる色に近づけられます。見たこともな

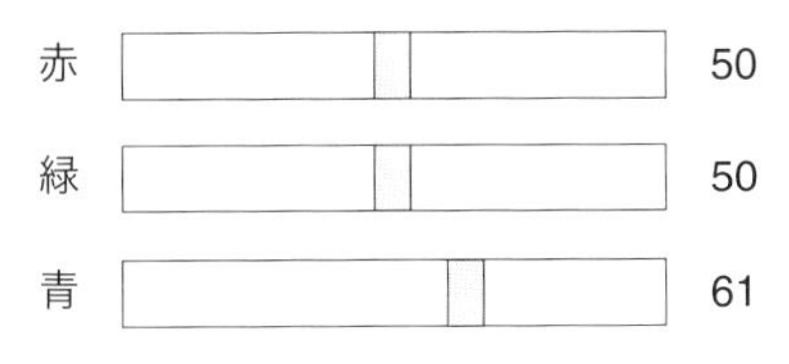

図1.1：テレビの色調整機能

いものを映しても本当の色はわかりませんから、調整には実際の色を見知っている映像が必要です。シチュエーションや質感によって色の見え方も異なるでしょうから、いろいろな種類の映像をいくつか用意しておいたほうがよさそうです。確実を期すなら、調整用とは別に確認用の映像も用意したいところです。その映像の色の確認を別の人にしてもらえればさらに安心でしょう。

実はこれ、まさに機械学習の枠組みそのものなのです。

機械学習の枠組みでは、解きたい問題を数値で扱えるようにしたものを**数理モデル**あるいは単に**モデル**と言い、モデルが持つ調整用の数値を**パラメータ**、パラメータの調整に使うデータを**訓練データ（トレーニングデータ）**、モデルが正しく働くか確認に使うデータを**テストデータ**と言います。そして「データを使ってモデルのパラメータを適切に調整する」ことを**学習**あるいは**訓練**と呼びます*[1]。

先ほどの例では、「テレビの色調整の仕組み」がモデル、「赤緑青の各色の強さを指定する数値」がパラメータ、「実際の色を見知っている映像」のうち調整に使う映像が訓練データ、確認に使うのがテストデータ、そして「自分の感じる色に近づくように各色の強さを調整」が学習にあてはまります。

ただ、思ったとおりの色に近づいたかどうかを人間が判断しているため、枠組みこそ同じですがまだ「機械」学習ではありません。あとは近づき度合いを数値で表し（誤差や目的関数）、調整を手順化することで（アルゴリズム）、立派な機械学習になります。

こんな色調整の仕組みが機械学習の枠組みとは思えない、と反論したくなる

*[1] このようなパラメータを持つモデルを特に区別する場合は**パラメトリックモデル**と言います。一方、本書では扱いませんが、「ノンパラメトリックモデル」もあります。しかしこれはパラメータがまったくないという意味では必ずしもありません。パラメトリックモデルの表現可能な範囲はパラメータの動く範囲に限られ、データには依存しません。それに対してモデルの表現可能な範囲がデータに依存するとき、ノンパラメトリックと言います。

かもしれません。たしかにこれでは「できなかったことができるようになる」というより、「もともとできる範囲内で、よりうまくいくようにする」であり、『学習』っぽくないです。

機械学習の始まりはたしかに人間の『学習』をコンピュータで実現する研究でした。しかし『学習』の完全な実現はあまりにも難しすぎたため、『学習』そのものではなく、『学習した結果としてできるようになること』を再現する方向へ発展します。特に「モデルを決めて、データに合うパラメータを探す」という汎用性の高い枠組みが成功を収めて、現在の機械学習の主流となりました。こうして機械学習は、一般的な意味での『学習』からは遠くなってしまいました。

機械学習では、まず実際に解きたい問題に合わせて、モデルをうまく選んだり、場合によっては自分で作ります。解ける問題やできるようになることの範囲は、最初に選んだモデルで決まってしまうため、モデル選びはとても重要です。また、どれほど素晴らしいモデルだったとしても、パラメータ調整の効率が悪く、現実的な時間で解が求まらなければ意味ありません。優れたアルゴリズムや十分なマシンパワーも必要です。

そして、もうひとつ重要なものがデータです。機械学習は見たことないものが苦手ですから、賢い機械学習のためには一般に網羅的で質の良いデータが大量に必要です。そんなデータを集め整備するのは主に人間の仕事です。したがって機械学習（後述しますが人工知能も含みます）が勝手に賢くなるのはとても難しいです。

とはいえ機械学習は、数値の計算しかできないコンピュータに、人間のするような高度な仕事を任せられる（可能性がある)、素晴らしい技術です。機械学習にできないことを期待せず、機械学習にできるすごいことにきちんと目を向けていきたいですね。

1.2 モデルとは

先ほど、機械学習ではモデルが重要であるという話をしました。しかし、モデルとはいったいなんでしょう。「解きたい問題を数値で扱えるようにしたもの」では、わかるようでわかりません。

モデルとは、直訳の模型という意味のとおり、「何かの偽物」であり、本物そのものではありません。しかし偽物ならなんでもよいわけではありません。

例えば人体模型は人間の体の偽物です。本物の人間の体と見間違う心配がまったくないくらい似ていません。人体模型はパーツを取り外して手にとって見るなど、人体の内部構造がどうなっているか観察できるという点で役に立ちます。本物の人間の体でそんなことは軽々しくできません。

このように本物ではないが、特定の目的において（ときには本物より）役に立つ偽物がモデルと呼ばれます。ほとんどのモデルは何かひとつふたつの目的に特化しており、それ以外の部分を似せることは最初からあきらめています。

本物が持ついろいろな側面のうち、どれをどのように似せるかによってさまざまなモデルが作られます。つまり、モデルを設計したときに、そのモデルがなんの役に立つかはおおよそ決まります*2。そのため、モデルが役に立たないと感じる場合は、モデルが悪いのではなく、間違ったモデルを選んでしまったためであることがほとんどです。人体模型に「こいつ、歩かない！」と文句言ってもしかたないですよね。歩いてほしかったら、例えば2足歩行ロボット（これも人体のモデルのひとつ）を選ぶべきだったのです。

ちなみに、機械学習の「モデルを決めて、データに合うパラメータを探す」という枠組みも、人間の『学習』のうち、結果を見て行動を修正するという一面を真似したモデルです。この枠組みはとても役に立ちますが、人間の『学習』の「できないことをできるようにする」という機能を期待するのは、人体模型に歩くことを期待するくらい間違っています。

モデルのこのような性質は、複数あるモデル候補の中からどれを選ぶかが重要と教えてくれます。このことは 第9章のモデル選択で具体的に解説します。

もうひとつ、ここまで何度か使った**アルゴリズム**という言葉についても触れておきましょう。一般向けの解説などでも「機械学習のアルゴリズムを使って〜」といった形でよく見かける言葉ですよね。

モデルは問題を定式化（数値で扱えるようにすること）したものでした。それに対してアルゴリズムとは、問題を解くための手順のことです。後に紹介する線形回帰モデルでは行列計算で、ロジスティック回帰モデルでは勾配法と呼ばれる方法でそれぞれ問題を解きます。

本書では各モデルに対して1つのアルゴリズムしか紹介しませんが、数学の問題の解き方が1通りではないのと同じように、モデルに対するアルゴリズム

*2　モデル設計者の意図していなかった使い道を見つけてもらえることもあります。

も1通りではありません。同じモデルでもデータの中身や量によって適切なアルゴリズムは変わることがあります。

本書でこのあと何度か繰り返し説明するように、機械学習では問題に適したモデルを選ぶことが重要です。しかし、どれほど素晴らしいモデルでも解けなかったら意味がありません。したがって、モデルとデータに適切なアルゴリズムを使うことも同じくらい重要です*3。

1.3 深層学習とは

これから機械学習の勉強を始めようという人は、もれなく**深層学習**（ディープラーニング）と人工知能にも強い興味を持っているでしょう。

さてその深層学習とはなんでしょう。「深層学習とは人間の脳細胞を再現するもの」的な紹介も見かけますが、それは残念ながら間違いです。深層学習は脳に似せることをまったく目指していません。一般的な深層学習と脳のもっとも重要な関係は、深層学習が脳についてわかっていることのひとつを参考にしたモデル（ニューラルネットワーク）から発展した、ということです*4。

深層学習を一言で説明すると「ある特徴を持つ機械学習」です。深層学習は機械学習以外のものではなく、機械学習の代表的な枠組みである「モデルを決めて、データに合うパラメータを探す」に、深層学習も当てはまります。では、その深層学習の特徴とはなんでしょう。

機械学習の枠組みの例として挙げた色調整では、パラメータは赤（R）、緑（G）、青（B）の3個でした。実際のテレビやディスプレイの色や見た目の調整機能には、さらに明るさやコントラスト、色温度などのパラメータがあったりします。さらに高機能なテレビでは、動きの多いシーンとか暗いシーンとか、シーンごとの調整を指定できるものもあったりします。このように、色々なケースを考えてパラメータを増やすほど高機能になり、できることが増えていきます。

この「パラメータを増やすほど高機能になる」という性質は機械学習全般に

*3 とはいえ、どちらが主かといえば明らかにモデルなので、「機械学習のアルゴリズムを使って〜」という表現には違和感があります……。

*4 現在も神経科学（脳に関する研究）から発想を得た注意機構などを深層学習に組み込む試みは継続して行われています。

もまったく共通する話です。これを突き詰めることで「パラメータがとてつもなく多い、超々高機能な機械学習」が構築できるかもしれません。しかし、パラメータの意味を考えながら増やしていくのは限界があります。色調整のパラメータを 1,000 個考えるのは大変です。

パラメータの意味を考えていたらパラメータを増やせないなら、いっそ意味は捨ててしまいましょう。まず問題を「入力 X_i たちから適切な出力 Y_j たちを生成する」というシンプルな形に整理します。色調整の場合、入力された画像データから実際にディスプレイに表示する情報を生成することになりますから、(m, n) の位置のピクセルの色データ（画像の要素ごとに赤緑青の強さを表した数値）(r_{mn}, g_{mn}, b_{mn}) のそれぞれが入力 X_i にあたるでしょう。画面の大きさを簡単のため $2{,}000 \times 1{,}000$ ピクセルとすると、X_i たちは $2000 \times 1000 \times 3 = 600$ 万個 になります。同様に出力 Y_j にも出力した画像のピクセルの色データ (R_{mn}, G_{mn}, B_{mn}) を当てることにしましょう。

そして入力 X_i に対して出力 Y_j が次のように決まるモデルを考えます。

$$Y_j = \sum_i w_{ij} X_i \tag{1.1}$$

w_{ij} がこのモデルのパラメータで、（入力の個数）×（出力の個数）個あります。X_i, Y_j ともに 600 万個ずつでしたから、パラメータ w_{ij} の個数は 36 兆個になります。これで「パラメータがとてつもなく多い機械学習」ができました（「超々高機能」かどうかはわかりません）。

まだまだパラメータを増やしたい？ では Y_j の代わりに Z_k を新しい出力にして、Y_j と Z_k の間に次の関係を入れましょう。これだけでパラメータの個数は倍になります[*5]。

$$Z_k = \sum_j v_{jk} Y_j \tag{1.2}$$

(1.2) のような関係をさらに重ねれば、いくらでもパラメータを増やせます。中間の Y_j の個数を適当に増やしてもよいでしょう。

こうした個々には明確な役割のない莫大なパラメータを持つモデルが深層学

[*5] (1.1) を (1.2) に代入すると、Z_k が X_i の線形結合となりパラメータが減ってしまうので、実際の深層学習では Y_j を非線形な関数（活性化関数と呼ばれます）で変換します。ここではこの方法を重ねることでパラメータをいくらでも増やせることを見てもらうのが目的なので、活性化関数は省略しています。

習の特徴です。この特徴は深層学習と呼ばれるモデルのほぼすべてに共通し、かつ通常の機械学習のモデルにはありません[*6]。

機械学習ではパラメータを増やすほど最適なパラメータを探すのは難しくなり、データも多く必要になるため、そのような莫大なパラメータを持つモデルの学習にはリソースや安定性などのさまざまな問題が生じます（4.5 節の過学習など参照）。深層学習とは、そうした問題を解決するためのさまざまな技術の集合とみなすこともできます。

また、パラメータが意味を持たないということは、モデルが期待どおりに動くかどうかわからないということでもあります。例えば (1.1) から作られるモデルは「画像を入力したら、画像を出力する」ということしか決まっていません。つまり、このモデルが色調整として機能するかどうかは、用意した訓練データでモデルがうまく学習できるかで決まり、うまく動くモデルを見つけるためには膨大な試行錯誤が必要となります。

このようになかなか一筋縄ではいかない深層学習なのですが、良いモデルを運良く見つけられた場合には、従来の機械学習では太刀打ちできないレベルの機能や性能が得られます。

1.4 人工知能とは

今はたいへんな**人工知能**（AI、Artificial Intelligence）ブームです。人工知能に興味があって機械学習を勉強し始めた人も少なくないでしょう。ではそんな人工知能と、機械学習や深層学習はどのように関係しているでしょう。

人工知能には大きく分けて 2 種類、「強い人工知能」と「弱い人工知能」があります。

強い人工知能は、人間の頭脳の働きまたは仕組みを機械で再現するもの、あるいはそれを目的とした研究のことであり、特に汎用人工知能（AGI、Artificial General Intelligence）とも呼ばれます。強い人工知能は特定の目的に偏らないさまざまな判断や思考が期待されていますが、実現はまだまだ遠いです。

マンガや映画にはドラえもんや鉄腕アトム、攻殻機動隊のタチコマ、ターミ

[*6] この性質は深層学習の特徴であって、定義ではありません。一般的な深層学習の定義は、誤差逆伝播法で勾配を計算することで解く深いニューラルネットワークになります。

ネーターのスカイネット、スター・ウォーズのドロイドといった、人間と会話し、臨機応変に問題解決し（あるいは問題を起こし）、ときには喜怒哀楽も表したりする、まるで人間のような自律的なロボットやアンドロイドが出てきます。これら物語の人工知能はすべて強い人工知能に分類できます。

強い人工知能をいきなり実現するのは難しいため、人間の知能が実現する内容を分割して、それぞれ解決していくというアプローチがあります。そのような分割された部分のひとつ、「人間の判断が関係する、具体的な個々の問題を解くプログラムや研究」が**弱い人工知能**と呼ばれます。

弱い人工知能には多くの実現例があります。例えば「将棋を指す」「ゲームのキャラクタを人間らしく動かす」「写真から文字を抜き出してテキストに起こす」「人間とそれっぽい会話をする」などそれぞれの問題に特化したプログラムはすべて弱い人工知能に分類できます。将棋AIで写真から文字を抜き出すことはできないように、弱い人工知能はそれぞれ専門とする問題以外は解けません。弱い人工知能を見て「人間に勝てる、勝てない」という言葉が出てくることはあっても、「まるで人間のよう」という言葉が出てくることはほとんどないでしょう。

機械学習はこの弱い人工知能を実現するための手法のひとつとして誕生しました。ただし弱い人工知能が必ず機械学習を使うわけではありません。現在は機械学習（深層学習含む）をまったく使わない弱い人工知能はほとんど見られなくなりましたが、20〜30年ほど前の主流は、専門家の判断をルールとして書いて判断を自動化するもので、エキスパートシステムと呼ばれていました。将棋を指す人工知能も、機械学習を使ったBonanzaが世界コンピュータ将棋選手権大会で2006年に優勝するまでは、ルールベース（評価関数を手作業で作る）が主流でした。会話をする人工知能もルールベース（問い合わせに対する対応を人間が決める）が基本であり、すべてが機械学習などに置き換えられるのは先の話でしょう。

一方の強い人工知能は研究ごとにアプローチがまったく違うため、機械学習を使うものもある、くらいのことしか言えません。最近は強い人工知能にも深層学習の応用が増えています。

このように強い人工知能と弱い人工知能はそのできることも実現度合いもまったく異なる存在ですが、一般にはどちらも単にAIと呼ばれて区別されません。人工知能を巡る報道や宣伝では、この混同がうまく利用されたり、そもそも違いが理解されていないように見えることも残念ながら多いです。例えば、「将棋を指すAI」は将棋を指すこと以外はできない弱い人工知能のことです。ところがこれを「AIが将棋を指す」と言い換えるだけで、他のこともできそうな強い人工知能っぽさが出てきます。これを繰り返すことで、世の中に強い人工知能があふれているような錯覚を生じさせられます。

こうした錯覚に引きずられて、近い将来に人工知能が反乱を起こして人間を支配したり、人間の仕事がすべて人工知能に取られるかのような危機感を煽ってくる言説もありますが、幸か不幸かそれが可能な強い人工知能の実現はまだまったく目処は立っておらず、実際に実現や応用されている人工知能は基本的にすべて弱い人工知能です*7。

強い人工知能が実現し、機械が人間に追いつき、社会が変化してしまう日を**シンギュラリティ**（特異点）と呼び、それが30年後に実現すると主張する人たちもいます。このシンギュラリティは、科学技術が指数関数的に進歩するという経験則にもとづくものであり、技術的な裏付けから提唱されているものではありません。しかも、その経験則の代表格だったムーアの法則（半導体のトランジスタ数は18ヶ月ごとに2倍になる）はすでに破れたとされています。思考実験としては興味深いですが、まるで決まった未来であるかのように論じるのは控えてほしいところです。

残念ながら、現在の機械学習や深層学習の技術をそのまま伸ばしていった先に強い人工知能はまだありません。物語の人工知能の実現にはまだまだ技術的な課題が山積みですが、人間の脳だって物理的なデバイスとして存在している以上、いつかは機械で再現できるだろう、と実は筆者も信じています*8。そんな未来が本当にやってくるまでは、機械学習や深層学習で弱い人工知能を作って役立てたり楽しんだりしましょう。

---

*7 弱い人工知能によって置き換えられてしまう人間の仕事もあるかもしれません。しかし弱い人工知能は特定の問題を解くことに特化したプログラムであり、誰かがそれを解くことを望まない限り存在しません。するとそれは自動車の発明と普及で馬車がなくなるような、技術の進歩によって起きる普遍的な問題であり、人工知能に固有の話ではありません。

*8 生きているうちに実現するかはわかりませんが……。

第2章

確率

確率について特に学んだことがない人でも、「サイコロの１の目の出る確率は 1/6」や「明日の降水確率は 60%」などといった形で「確率」という用語は耳にしたことがあるでしょう。

これらに共通しているのは、「起きるかもしれないし、起きないかもしれないことがら」を扱う点です。サイコロを振ったとき、１の目は出ることもあれば、出ないこともあります。翌日の天気は雨かもしれないし、晴れかもしれません。確率とは、こうした「起きるかもしれない可能性」を数値で扱えるようにしたものです。「起きるかもしれない可能性」は長いので「起きやすさ」と言い換えましょう。

しかし「起きやすさ」を数値で表す方法なんて、確率に限らずいろいろありそうです。実際、他の方法が主流だった時代もありました（一部の分野で使われる「オッズ」はそのひとつです）。しかし現在では確率がもっとも幅広く使われています。それは、確率の定義から導かれるルールがとても強力なためです。本章では確率の導入とそのルールについて解説します。

なお、本章ではいわゆる離散確率を扱います。連続確率については第３章で紹介します。

2.1 「起きやすさ」を数値で表す方法

「起きやすさ」を表す数値は、どういう特徴を持つと嬉しいでしょうか。

- **特徴 1**：同じくらい起きそうなことがらは、同じ数値をもつ
- **特徴 2**：起きやすいことがらのほうが、より大きい数値をもつ

この２つはぜひ満たしておいてほしいところです。サイコロを振って出る目について、これらを満たすように値を決めてみます。

サイコロを振って「起きる可能性のあることがら」は、「1 が出る」「2 が出る」「3 が出る」「4 が出る」「5 が出る」「6 が出る」の６通りです。しかし起きる可能性のあることがらは本当にその６通りだけでしょうか。例えば「振ったサイコロがタンスの下に入ってしまって、どうしても見つからない」はその６通りに入りませんが、起きる可能性はゼロではないでしょう。まったく考えていなかった「サイコロの角で見事に立つ」「ポチが空中でくわえて飲み込んで

しまった」なども絶対に起きないとは言えません。

こうした「考えられない出来事」をあらかじめすべて考えておくことは不可能です。起きないと言い切れないだけで、通常まず起きないことがらに割り振るべき数値に見当もつきません。

そこで、満たすべき特徴として次の項目を追加しましょう。

- **特徴 3**：起きる可能性のあることがらは、すべてわかっているとする

つまり想定外は絶対起きないことにしてしまうわけです。このような「本物（現実）とは異なる部分もあるが、解きたい問題を数値で扱えるようにしたもの」をモデルというのでしたね（1.2 節）。

特徴 3 から、サイコロを振って起きる可能性のあることがらは、「1 が出る」「2 が出る」「3 が出る」「4 が出る」「5 が出る」「6 が出る」の 6 通り以外は絶対に起きないとします。

歪んでいない、イカサマでもない常識的なサイコロは「1 が出る」から「6 が出る」までだいたい同じくらい起きることが期待されます。つまり、それぞれの「起きやすさを表す数値」を $P(1\text{ が出る})$ から $P(6\text{ が出る})$ と書くことにすると、特徴 1 から

$$\begin{aligned} P(1\text{ が出る}) &= P(2\text{ が出る}) = P(3\text{ が出る}) \\ &= P(4\text{ が出る}) = P(5\text{ が出る}) = P(6\text{ が出る}) \end{aligned} \tag{2.1}$$

が成り立ってほしいです。

ここまでは「起きやすさを数値で表す方法」が持ってほしい特徴から自然に導けます。あとは $P(1\text{ が出る})$ を決めればいいですが、その値は考え方によって変わってきます。例えば最初に名前を紹介したオッズというモデルでは「1 が出る場合の数/1 が出ない場合の数 $= 1/5$」と決めます。

一方、17 世紀にパスカルとフェルマーという 2 人の数学者の文通の中で、次の特徴 4 が発明されます。

- **特徴 4**：すべての起きる可能性にわたって数値の合計を取ると 1 になる

この考え方を使えばいろいろな問題がうまく解けることがわかりました。こ

れがのちに確率と呼ばれる「起きやすさを数値で表す強力なモデル」の誕生です。

サイコロの話を続けましょう。特徴 4 から式 (2.2) を満たすべきとわかります。

$$P(1\text{が出る}) + P(2\text{が出る}) + P(3\text{が出る}) + P(4\text{が出る}) + P(5\text{が出る}) + P(6\text{が出る}) = 1 \quad (2.2)$$

(2.1) と (2.2) から $P(1\text{が出る}) \times 6 = 1$、つまり $P(1\text{が出る}) = 1/6$ が得られます。これがよく聞く「サイコロの 1 が出る目の確率は 1/6」ですね。

もうひとつ確率の例に挙げていた天気も同じように考えてみましょう。

最初に特徴 3 に従って、すべての「起きる可能性のあることがら」を決めます。ぱっと思い浮かぶのは晴・曇・雨の 3 種類。しかし単なる「晴」と「雲ひとつない快晴」を同じ天気としていいか悩みます。雨にもいろいろありますし、「曇のち雨」のようなパターンもあります。

天気予報をしたいわけではなく、確率の考え方を理解するための例ですから、すべての「起きる可能性のあることがら」は晴・曇・雨の 3 種類に単純化して、さらにそれらは同時には起きないと考えます（これもモデル！）[*1]。

「晴れやすさを表す数値」を $P(\text{晴})$、「曇りやすさ」を $P(\text{曇})$、「雨の降りやすさ」を $P(\text{雨})$ と表すことにすると、特徴 4 から $P(\text{晴}) + P(\text{曇}) + P(\text{雨}) = 1$ となるはずです。

ここでサイコロと同じように $P(\text{晴}) = P(\text{曇}) = P(\text{雨})$ を認めるなら、$P(\text{晴}) = 1/3$ が得られます。しかしそれは晴・曇・雨が「同じくらい起きそうなことがら」（特徴 1）の場合です。日本は一部の島を除いて熱帯雨林気候ではなく、実感としても晴の日のほうが雨の日より多そうです。そうなら、特徴 2 の「起きやすいことがらのほうが、より大きい数値をもつ」から、$P(\text{晴}) > P(\text{雨})$ となるべきでしょう。

本当に晴の日のほうが雨の日より多いのか、実際の天気データで確かめます。

[*1] 実際の天気は「晴のち曇」のように、晴・曇・雨の 3 種類に単純に分割できません。重複のある事象をひと目でわかる**ベン図**や、事象が重複なく分割できることを指す**排反**など、そうした状態を説明する概念や用語もありますが、本書で扱いたいことと直接関係しないので省略します。集合や確率に関する本を参照してください。

天気	日数
晴	160
曇	154
雨	51
計	365

表2.1：2015年の東京の天気と日数

天気	日数	割合
晴	160	$160/365 = 0.438$
曇	154	$154/365 = 0.422$
雨	51	$51/365 = 0.140$
計	365	$365/365 = 1.000$

表2.2：2015年の東京の天気の割合

気象庁の「過去の気象データ・ダウンロード」ページ[*2]からダウンロードした2015年の毎日の東京の天気を数えてみました（**表2.1**）[*3]。

晴の日数は雨の日数の約3倍でした。やはり $P(\text{晴}) > P(\text{雨})$ ですね。

ただ、特徴2は「起きやすいほうが大きい」というだけなので、$P(\text{晴})$ たちの値はまだ決まりません。単純に考えれば、晴の日数は雨の日数の3倍ですから、$P(\text{晴})$ は $P(\text{雨})$ の3倍くらいあってほしい気がします。

それなら、いっそ「1年の晴の日の割合」をそのまま「晴れやすさを表す数値」とするのはどうでしょう。各天気の日数を、全体の日数365で割って割合にしてみます（**表2.2**）。

表より $P(\text{晴}) = 0.438$, $P(\text{曇}) = 0.422$, $P(\text{雨}) = 0.140$ です。これはたしかに特徴2と特徴4を満たし、直感的にも納得しやすい数値です。この数値が「正解」かどうかは今は考えません。

サイコロは、「どの目も同じくらい出そう」という常識から $P(1\text{の目が出る}) =$

---

*2 http://www.data.jma.go.jp/gmd/risk/obsdl/

*3 実際のデータには「晴のち曇」や「雨一時曇」など、詳細な天気が記述されていますが、それぞれ先頭の「晴」「雨」と解釈して、晴・曇・雨の3種類にまとめています。「大雨」「薄曇」などの程度を表す言葉も除いて「雨」「曇」としています。2日間あった雪の日も「雨」にまとめました。

1/6 と決めました。天気は、2015 年の東京の実際の天気を数え、365 で割って $P(晴) = 0.438$ と決めました。どちらも「これが『確率』です」と言われたら納得できる数値ですが、その決め方は明らかに異なっています。

実のところ、サイコロの目が同じくらい出る証拠なんてないし、天気も 2016 年のデータで数えたら、きっと違う数値になります。

さて、確率とはいったいなんでしょう。

2.2 確率

「馬とは何か？」を考える方法のひとつに、「馬」と呼ばれるモノを集め、そこに共通する性質を「馬」の定義とする、というものがあります。

「確率とは何か？」の答えも同様に、「確率」と呼びたいモノに共通する性質を抜き出し、それを確率の定義とします。数学ではさらに、確率が満たしてほしい定理や公式を考えて、それらが要求する性質だけに絞るということをします。こうすることで確率がカバーできる範囲を最大限まで広げられますが、一方で、最初に確率を考えた動機などが見えない、わかる人にだけわかる抽象的な定義になる、ということが数学ではよく起きます。

そうして**確率**とは、以下の抽象化された条件 1〜4 を満たすもの、と現在では定義されています。ここからは確率の言葉を使って、これまで「起きる可能性のあることがら」と呼んでいたものを**事象**、事象全体を**全事象**と呼びます。

- **条件 1**：あらかじめ全事象が決まっている
- **条件 2**：各事象に 0 以上 の数値（確率）が決まっている
- **条件 3**：事象が分割できるとき、もとの確率は分割した事象の確率の和になる
- **条件 4**：全事象の確率は 1 になる

条件 2 で、事象に対して定まる値をその事象の確率と言います。事象にひとまず A と名前をつければ、事象 A の確率を $P(A)$ と書きます。P は確率（Probability）の頭文字です。

条件 1 と 4 はそれぞれ特徴 3 と 4 そのままですね。

条件 3 の「事象が分割できるとき、もとの確率は分割した事象の確率の和になる」とは、例えば「サイコロで偶数の目が出る」という事象は「2 の目が出る」

「4 の目が出る」「6 の目が出る」の 3 つに分割できるので、分割した事象それぞれの確率の和がもとの偶数が出る確率に一致することを言っています (2.3)。

$$P(\text{偶数が出る}) = P(2\text{ が出る}) + P(4\text{ が出る}) + P(6\text{ が出る}) \tag{2.3}$$

また、条件 2 は「確率は 0 以上」という当たり前のことを言っているだけに聞こえるかもしれません。割合から作られた確率であれば当然満たされている条件ですからね。

抽象化した確率なら負の値を許してもよい、と考えることだってできそうです。しかしそうしてしまうと、例えば (2.3) において、$P(2\text{ が出る}) = P(4\text{ が出る}) = 0.1$, $P(6\text{ が出る}) = -0.2$ のときに $P(\text{偶数が出る}) = 0$ となります。このように「ゼロでない確率を足して、ゼロになる」のは、確率の定理を証明していくうえで都合が悪いです。条件 2 はそれを防ぐうえで重要です。

「起きやすさ」を数値化するならぜひ満たしておいてほしいと言っていた特徴に、「同じくらい起きそうなことがらは、同じ数値をもつ」(特徴 1) や「起きやすいことがらのほうが、より大きい数値をもつ」(特徴 2) がありましたが、抽象化するとどちらもなくなってしまうところがおもしろいですよね。特徴 1 や特徴 2 といった条件は確率の値の決め方の話であり、確率に関するいろいろな定理を示すのに最低限必要な枠組みには残らなかったというわけです。

本章では、このあとも天気の例を使って確率の基本的な定理を解説していきますが、定理や公式の証明は確率の定義の 4 つの条件しか使いません。よって、それらの定理は他の方法で決められた確率の値でも成り立つことが言えます (ここが重要)。

他の確率の値の決め方は第 5 章の「ベイズ確率」、また p.127 のコラム「3 種類の確率」なども参照してください。

2.3 確率変数と確率分布

「サイコロを振ったときの目」に振る前から用事があることもあります。例えば、サイコロの目によってもらえる金額が変わる賭けをするかどうかを、サイコロを振ってから決めるわけにはいきません。こういうとき、「サイコロを振ったときの目」に X のような記号を割り振って扱えると便利です。このような「起きる可能性のあることがら (事象) のどれかを取る」対象のことを**確**

率変数と呼びます。

確率変数に対して、実際にどの事象を取ったのかわかることを**観測**や**サンプリング**と言います。サイコロを投げるように、自分でその事象を引き起こす場合は**試行**とも言います。試行や観測して得られた事象を**標本**または**サンプル**と言います。特にコンピュータで試行をシミュレーションできるとき、その標本をランダムサンプルと呼んだり、標本が数値である場合は**乱数**などと呼びます。このように名前はいっぱいありますが、本質的にはどれも同じものです。

本書では、確率変数は X や Y など主にアルファベットの最後の方の大文字を、事象は A や B など最初の方の大文字を割り当てます。そして確率変数 X が事象 A となる（起きる可能性のあることがら A が実際に起こる）ことを $X = A$ と書き、その確率の値は $P(X = A)$ と記します。

サイコロの例を確率変数を使って表すと、X を「1個のサイコロを投げたときに出る目の確率変数」、A を「1の目が出るという事象」とし、$P(X = A) = 1/6$ となります。「1の目が出る」というわかりやすい事象なら、$P(X = 1) = 1/6$ と手軽に表記することも多いです。

同様に、Y を「天気を表す確率変数」、B を「晴れる事象」とすると、$P(Y = B) = 0.438$ のように表せます。こちらも $P(Y = \text{晴})$ のように今後表記します[*4]。

事象は「偶数の目が出る」のように複数に分割できる事象（偶数が出る＝2、4、6が出る）の場合もあります。そのような事象 A に対しては $P(X \in A)$ と集合の記号を使って記すこともあります。ただ A が集合である場合も、厳格な表記 $P(X \in A)$ より $P(X = A)$ というシンプルな表記のほうがよく使われています。

確率変数 X がまだどの事象をとるかわかっていないときは、何か1つの事象 A に対する確率 $P(X = A)$ だけではなく、起きる可能性のある事象 A すべてについて $P(X = A)$ をあらかじめ求めておけば役立ちそうです。例えば $P(X = A)$ 全体の表（**表2.3**）があれば、$X = \text{晴}$ とあとで観測したときにその確率がすぐわかることが保証されます。

[*4] 同じように何かを与えるたびに値が決まるものに関数があります。複数の関数を区別するときには $f(x)$ と $g(x)$ のように関数名に当たる記号を変化させるのが一般的ですが、確率では $P(X = A)$, $P(Y = B)$ のように、確率を意味する P は共通して使い、確率変数をそれぞれ変える表記が一般的です。

X	$P(X)$
晴	0.438
曇	0.422
雨	0.140

表2.3：東京の天気 X の確率分布 $P(X)$

表2.3 のようなすべての $P(X = A)$ がわかるものを**確率分布**、または単に**分布**と言い、記号 $P(X)$ で表します。確率分布は「すべての $P(X = A)$ がわかるもの」であればよいので、表の形である必要はありません。第3章では「すべての $P(X = A)$ がわかる数式」の形で確率分布を表現します。

確率分布 $P(X)$ は確率変数 X を端的に表す情報であり、$P(X)$ を求めることが X を知ることに相当します。**確率モデル**とは、モデルを確率変数で表し、その確率分布を求めることで問題を解くものです。本書で紹介する機械学習の確率モデルも、モデルを表現する確率分布のパラメータを推定することで解かれます。

2.4 同時確率と条件付き確率

確率を使って、翌日の天気を予測する問題を考えてみましょう。翌日の天気を予測するには、現在や過去の天気・気温・湿度・気圧・風向と風速などなど、さまざまな情報を本来は用いるでしょうが、ここでは単純に「当日の天気」から「翌日の天気」を予想する問題を考えます。

まずは、実際の当日の天気と翌日の天気がどのような組み合わせになるか、2015年の東京の天気データから確認してみます。2015年1月1日は曇、1月2日の天気は晴でしたので、(曇・晴) が1回とカウントします。同様に1月2日と翌1月3日の天気……、12月31日と翌2016年1月1日の天気までの365組について数え上げます（**表2.4**）[*5]。

表2.4 を見ると、どうやら晴の翌日は晴れやすく、曇の翌日は曇るか雨が降

*5 以降の表において、丸めの関係で合計が表示されている値と見かけ上一致しないことがあります。また割り切れずに有効桁表記している場合も近似の記号（≒や ≈）を使わず等号 = で表記しています。

当日 X	翌日 Y	回数	割合
晴	晴	94	0.258
晴	曇	60	0.164
晴	雨	6	0.016
曇	晴	49	0.134
曇	曇	74	0.203
曇	雨	31	0.085
雨	晴	18	0.049
雨	曇	19	0.052
雨	雨	14	0.038
計		365	1.000

表2.4：当日と翌日の天気の組み合わせ

りやすいという、直感的に納得のいく傾向がありそうです。

全体の合計 365 で割った割合は確率の条件を満たし、**表2.3** と同様に確率と考えられます。例えば「当日と翌日の天気の組み合わせが（曇・雨）となる」という事象の確率は 0.085 です。

次に確率変数を設定します。「当日と翌日の天気の組み合わせ」を 1 つの確率変数とすることもできますが、「今日が曇のとき、翌日の天気の確率は？」といった問題を考えるには、当日と翌日の天気は分離できるほうが都合がよいです。

そこで当日の天気を表す確率変数を X、翌日の天気を Y とおき、「当日と翌日の天気の組み合わせが（曇・雨）となる」という事象が起きることを $(X, Y) = (\text{曇}, \text{雨})$、または $X = \text{曇}, Y = \text{雨}$ と表記することにしましょう。その確率は $P(X = \text{曇}, Y = \text{雨}) = 0.085$ と表します。

このように複数の確率変数で表す確率を**同時確率**と呼びます。同時確率の全体がわかるものを**同時分布**と呼び、$P(X, Y)$ と表します。

$P(X = \text{曇}, Y = \text{雨})$ という形からわかるとおり、縦に当日の天気、横に翌日の天気をとれば確率分布 $P(X, Y)$ を縦横の表の形にすっきり並べ替えられます（**表2.5**）。**表2.4** と形は異なりますが、同じ確率分布を表しています。

ほとんどすべての統計や機械学習の目的は、複数のことがらの関係を分析・予測することなので、必然的に複数の確率変数を扱います。そのため、こうした複数の確率変数で表される確率が重要な役割を果たします。

		翌日の天気 Y			
		晴	曇	雨	計
当日の天気 X	晴	0.258	0.164	0.016	0.438
	曇	0.134	0.203	0.085	0.422
	雨	0.049	0.052	0.038	0.140
	計	0.441	0.419	0.140	1.000

表2.5：同時分布 $P(X, Y)$

当日 X	翌日 Y	回数	割合
曇	晴	49	0.318
曇	曇	74	0.481
曇	雨	31	0.201
計		154	1.000

表2.6：当日が曇のときの翌日の天気の割合

もうひとつ、複数の確率変数で表される重要な確率があります。それを導くために、「当日が曇のとき、翌日の天気の確率は？」という問題を考えてみましょう。**表2.4** から当日が曇の部分に制限し、制限された範囲で割合を計算しなおすと **表2.6** となります。

この割合も確率の条件を満たしますね。この確率変数を制限したときの確率を**条件付き確率**と言い、$P(Y = \text{晴} \mid X = \text{曇}) = 49/154 = 0.318$ のように制限する側の条件を縦棒の後ろに付ける記法で表します*6。

「当日が晴のとき〜」「当日が雨のとき〜」のときの条件付き確率も求め、同様に縦横に並べると **表2.7** となります。この条件付き確率全体は**条件付き分布**と呼び、$P(Y \mid X)$ で表します。

同時分布 $P(X, Y)$ の **表2.5** と、条件付き分布 $P(Y \mid X)$ の **表2.7** は一見よく似ているためか、確率が苦手な人はこの 2 つを混同する傾向があるようです。

2 つの確率分布の違いは、それぞれの表で網掛けした「足して 1 になる範囲」に表れます。同時分布 $P(X, Y)$ は X と Y のすべての値にわたって足すと 1

*6 ここで導入したのは、割合で確率の値を決める場合の条件付き確率になります。ベイズ確率などの場合にも使える条件付き確率の定義は次節で導入します。

		翌日の天気 Y			
		晴	曇	雨	計
当日の天気 X	晴	0.588	0.375	0.038	1.000
	曇	0.318	0.481	0.201	1.000
	雨	0.353	0.373	0.275	1.000

表2.7：条件付き分布 $P(Y \mid X)$

になりますが（**表2.5**）、条件付き分布 $P(Y \mid X)$ は、X を固定して、Y のすべての値にわたって足すと 1 になります（**表2.7**）。

足して 1 になる範囲の違いは、さらに 2 つの確率分布の重要な違いにつながります。条件付き分布では例えば、$P(Y = \text{晴} \mid X = \text{曇})$ と $P(Y = \text{曇} \mid X = \text{曇})$ を与えれば、足して 1 になる条件から $P(Y = \text{雨} \mid X = \text{曇})$ が自動的に決まります。

$$
\begin{aligned}
P(Y = \text{雨} \mid X = \text{曇}) &= 1 - P(Y = \text{晴} \mid X = \text{曇}) - P(Y = \text{曇} \mid X = \text{曇}) \\
&= 1 - 0.318 - 0.481 = 0.201
\end{aligned}
$$

$P(Y \mid X = \text{晴})$ と $P(Y \mid X = \text{雨})$ についても同様に考えると、3×3 の表のうち 6 個の値を与えれば条件付き分布のすべての値は決まります。分布の定義は「すべての確率がわかるもの」でしたから、その 6 個の値で条件付き分布を表せる、と言えます。このような分布を定める値の組を分布の**パラメータ**と言います。また、分布を定めるパラメータの個数を**自由度**と言います。

$P(Y = \text{曇} \mid X = \text{曇})$ と $P(Y = \text{雨} \mid X = \text{曇})$ を与えて $P(Y = \text{晴} \mid X = \text{曇})$ を決めてもよいので、パラメータの選び方は 1 通りではありませんが、そのように取り替えても個数が 6 であることは変わりません。

一方、同時分布は表の 9 個の値をすべて足すと 1 になりますから、そのパラメータの個数は 8 です。

このように分布を決めるためのパラメータの個数が違うことからも、同時分布と条件付き分布はたしかに異なる分布とわかります。しかしその一方で、同時分布と条件付き分布にはやはり密接な関係があり、統計や機械学習の確率モデルを考えるうえで重要で強力な道具となります。次節以降で見ていくことにしましょう。

2.5 確率の周辺化と積の公式

改めて、同時分布 $P(X,Y)$ と、最初の確率分布 $P(X)$ を見比べます (**表2.8**)。

すると、$P(X,Y)$ の合計欄と $P(X)$ が一致していることに気づきます。この関係は偶然ではなく、確率のルールから自然と成り立つものです。

$P(X,Y)$ の1行目の合計は、$X=$ 晴 を固定して、Y をすべての値にわたって足したものです。「確率は分割した事象の確率の和に等しい」(条件3) ですから、これは $P(X=\text{晴},Y=\text{晴または曇または雨})$ に一致します。Y はもともとその3種類の事象しかとりませんから、Y を選ばないことと同等です。つまり $P(X=\text{晴})$ と等しくなります (2.4)。

$$\begin{aligned}&P(X=\text{晴},Y=\text{晴})+P(X=\text{晴},Y=\text{曇})+P(X=\text{晴},Y=\text{雨})\\&=P(X=\text{晴},Y=\text{晴または曇または雨})=P(X=\text{晴})\end{aligned}\tag{2.4}$$

$X=$ 曇 や $X=$ 雨 についても同様に成り立ちますが、$P(X=\text{曇},Y=\text{晴})+P(X=\text{曇},Y=\text{曇})+P(X=\text{曇},Y=\text{雨})$ と繰り返し書くのは長すぎます。そこで「Y について事象全体にわたって和を取る」という操作を $\sum_Y$ で表します。

$$\sum_Y P(X=\text{晴},Y)=P(X=\text{晴})$$
$$\sum_Y P(X=\text{曇},Y)=P(X=\text{曇})$$
$$\sum_Y P(X=\text{雨},Y)=P(X=\text{雨})$$

		翌日の天気 Y			
		晴	曇	雨	計
当日の天気 X	晴	0.258	0.164	0.016	0.438
	曇	0.134	0.203	0.085	0.422
	雨	0.049	0.052	0.038	0.140
	計	0.441	0.419	0.140	1.000

X	$P(X)$
晴	0.438
曇	0.422
雨	0.140

表2.8：$P(X,Y)$ と $P(X)$

$P(X,Y)$		翌日の天気 Y		
		晴	曇	雨
当日の天気 X	晴	94/365	60/365	6/365
	曇	49/365	74/365	31/365
	雨	18/365	19/365	14/365

X	$P(X)$
晴	160/365
曇	154/365
雨	51/365

$P(Y \mid X)$		翌日の天気 Y		
		晴	曇	雨
当日の天気 X	晴	94/160	60/160	6/160
	曇	49/154	74/154	31/154
	雨	18/51	19/51	14/51

表2.9：同時分布と条件付き分布

これは X が 晴、曇、雨 のどの事象であっても上の関係が成り立つことを表していますから、X の事象も省略して、すっきりしましょう。

$$\sum_{Y} P(X,Y) = P(X) \tag{2.5}$$

(2.5) は「同時分布 $P(X,Y)$ を、Y のすべての値にわたって和を取ると、$P(X)$ になる」ことを表しています。

同時分布 $P(X,Y)$ の表の周辺に合計欄を付け足すと $P(X)$ になるイメージから、(2.5) によって $P(X,Y)$ から $P(X)$ を求めることを**周辺化**と呼びます。また、そうして得られた $P(X)$ や $P(X=A)$ は**周辺分布**や**周辺確率**と呼ばれます。

次に、同時分布 $P(X,Y)$ と条件付き分布 $P(Y \mid X)$、そして $P(X)$ の関係を見つけだすために、それぞれの分布を再掲します。ただしここではあえて分数の形で確率を表します（**表2.9**）。

$X=$ 晴$,Y=$ 曇 の分子分母の値を見ると、次の関係があることがわかります。

$$P(X=\text{晴},Y=\text{曇}) = P(Y=\text{曇} \mid X=\text{晴}) \cdot P(X=\text{晴})$$

この関係が成り立つのは $X=$ 晴$,Y=$ 曇 の組だけではありません。見比べると、同時分布と条件付き分布の分子はすべて同じ並びをしており、それぞれ

の分母は $P(X)$ に現れていることがわかります。つまり、すべての (X, Y) の組でその関係が成り立ちます。これを数式で表すと (2.6) となります。

$$P(X, Y) = P(Y \mid X) \cdot P(X) \tag{2.6}$$

(2.6) は同時確率と条件付き確率の関係を表す重要な等式であり、**確率の積の公式**、あるいは**乗法定理**と呼ばれます。

積の公式の記号を見て、「分数の計算のように、条件付き分布の縦棒の後ろの『分母』を、$P(X)$ ではらう」という直感的な印象を受けるかもしれません。上の考察はその印象がある程度正しいことを教えてくれますが、はらわれた X が残って $P(X, Y)$ になる点が違っています。$P(Y \mid X) \cdot P(X)$ をおそらくその分数の直感からうっかり $P(Y)$ にしてしまうのは、慣れてる人でもたまにやってしまうくらいよくある間違いなので気をつけたいです[*7]。

同時分布から条件付き分布を求めたり、逆に条件付き分布から同時分布を求めることはできるでしょうか。

まず、周辺分布 $P(X)$ は同時分布 $P(X, Y)$ を周辺化すると得られます。そして 条件付き分布 $P(Y \mid X)$ は積の公式を使って $P(X, Y)$ と $P(X)$ から求められます。つまり同時分布 $P(X, Y)$ がわかれば、周辺分布も条件付き分布も求められます。

一方、$P(Y \mid X)$ からは $P(X)$ を求められないため、条件付き分布から同時分布を求めることはできません。直感的な理解を得るため、また分数の表（**表2.9**）を眺めてみましょう。

$P(Y \mid X)$ から $P(X)$ を求めるということは、94/160 と 60/160 と 6/160 から 160/365 を求めるということです。分母に 160 と出ているので、一見考えるまでもなさそうですが、実際に知っているのはそれを割った 0.588 と 0.375 と 0.038 です。分子分母を n 倍した $94n/160n$ も同じ値ですので、条件付き分布の情報だけから 160 や 365 は特定できません。

前節の最後にしていたパラメータの個数（自由度）の議論も役立ちます。同時分布 $P(X, Y)$ を決定するのに必要なパラメータ 8 個、条件付き分布 $P(Y \mid X)$ のパラメータは 6 個でした。条件付き分布から同時分布が求まるとしてしまうと、パラメータが 8 個必要な $P(X, Y)$ を 6 個のパラメータで記述される

[*7] ここで説明しているような 2 変数ならまず間違いませんが、もっと多くの変数が使われている場合は、教科書や論文でも積の公式を間違えていることがあります。

$P(Y \mid X)$ から生成できるという矛盾が生じます。

ところで $P(X)$ のパラメータの個数は 2 です。$P(Y \mid X)$（パラメータ 6 個）と $P(X)$（2 個）をあわせると $P(X, Y)$（8 個）を求められるのは、パラメータの個数という視点からも自然なんですね。

確率を使っていろいろな問題を解くとき、ここで紹介した確率の周辺化と積の公式を繰り返し使うことになります。

2.6 3個以上の確率変数

ここまで 2 個の確率変数を扱い、定義や公式もその 2 個組で示してきました。3 変数以上への公式の適用は、複数の確率変数の組を 1 つの確率変数とみなすだけでできるため、多くの確率の教科書では説明が省略されています。

しかし、確率変数が 3 個以上になると公式や定義を間違って使ってしまうことが頻発します。やっかいなことに一見正しそうに見える間違いなので、なかなか気づけません。本節では、3 個以上の確率変数における確率の定義や公式を、間違いやすい部分を注意しながらひととおり確認しておきます。

具体的な数字で手を動かして確認してみたいという人のため、各月の当日と翌日の東京の天気について、2011 年から 2015 年の 5 年間の頻度を数えたものを章末に付録的に掲載しておきました（**表2.11**）[*8]。この節の数式を、この表を使って具体的な値で計算してみるのは良い練習になるでしょう。

説明のために、事象が起きた回数を表す $n(X = \text{事象})$ の記号を導入し、$X = A$ となる確率を $P(X = A) = \frac{n(X=A)}{n(X=\text{全事象})}$ との比で定義します。このとき 3 変数の同時確率（分布）$P(X, Y, Z)$ は (2.7) となります。

$$P(X = A, Y = B, Z = C) = \frac{n(X = A \text{ かつ } Y = B \text{ かつ } Z = C)}{n(X, Y, Z = \text{全事象})} \tag{2.7}$$

3 変数の条件付き確率（分布）では、条件部分が 1 変数になる場合と 2 変数になる場合が考えられます。

$$P(X = A, Y = B \mid Z = C) = \frac{n(X = A \text{ かつ } Y = B \text{ かつ } Z = C)}{n(Z = C)}$$

$$P(X = A \mid Y = B, Z = C) = \frac{n(X = A \text{ かつ } Y = B \text{ かつ } Z = C)}{n(Y = B \text{ かつ } Z = C)}$$

*8 ゼロ頻度問題を避けるために 5 年分のデータを使っています。

例えば「3 月（$Z=3$ 月）に、当日が雨だった日（$X=$ 雨）の翌日が晴れる確率（$Y=$ 晴）」は $P(Y=\text{晴} \mid X=\text{雨}, Z=3\text{月})$ です。

(2.7) と見比べると、分母はそれぞれ異なっていますが、分子は一致しています[*9]。つまり、注目している回数は同じで、その割合を考えるときの全体の数が違っています。

確率分布の周辺化も 3 変数以上でも成立します。2 変数以上を周辺化したり、条件付き分布を周辺化することもあります。

$$\sum_{Z} P(X,Y,Z) = P(X,Y)$$
$$\sum_{Y,Z} P(X,Y,Z) = P(X)$$
$$\sum_{Y} P(X,Y \mid Z) = P(X \mid Z)$$

積の公式も、複数の変数の組をひとまとまりの変数とみなすことで 3 変数以上に拡張します。例えば (2.8) は X, Y を、(2.9) では Y, Z を、1 つの変数とみなしています。

$$P(X,Y,Z) = P(X,Y \mid Z)P(Z) \tag{2.8}$$
$$P(X,Y,Z) = P(X \mid Y,Z)P(Y,Z) \tag{2.9}$$

条件付き分布を積の公式でさらに分解することもできます。

$$P(X,Y \mid Z) = P(X \mid Y,Z) \cdot P(Y \mid Z) \tag{2.10}$$

(2.10) は 3 変数以上でもっとも重要な公式なので、この式が成り立つことを n(事象) の記号を使って示しておきましょう。

$$\text{左辺} = \frac{n(X=A \text{ かつ } Y=B \text{ かつ } Z=C)}{n(Z=C)} \tag{2.11}$$
$$\text{右辺} = \frac{n(X=A \text{ かつ } Y=B \text{ かつ } Z=C)}{n(Y=B \text{ かつ } Z=C)} \cdot \frac{n(Y=B \text{ かつ } Z=C)}{n(Z=C)} \tag{2.12}$$

[*9] 確率の分母にあたる全事象数や試行回数（サンプルサイズ）を「母数」と呼ぶことがありますが、実は誤用です。母数はモデルや分布のパラメータ（母集団を説明する数）を指す訳語です。

(2.12) の $n(Y = B かつ Z = C)$ は打ち消し合って、たしかに (2.11) に一致することがわかります。なお (2.10) を、右辺の $P(X \mid Y, Z)$ から Z が抜け落ちた $P(X, Y \mid Z) = P(X \mid Y)P(Y \mid Z)$ に間違えられることがとても多いので、ご注意ください。

2.7 確率の独立性

当日と翌日の天気を 2 つの確率変数に割り当てて、条件付き確率でその関係を見てきましたが、間隔の日数を変えても同様に条件付き確率を考えられます。

ここでは Y を 100 日後の天気とし、2011 年から 2015 年の 5 年間の天気から、当日の天気 X のもとでの条件付き確率 $P(Y \mid X)$ を求めてみました（**表2.10**）*10。

翌日の天気についての条件付き確率では、「晴れの翌日は晴れやすい」「曇りや雨の翌日は雨になりやすい」などの傾向が読み取れましたが、100 日後の天気については、そうした傾向はほぼ消えてしまっています。

確率の記号を使って具体的に表現すると、条件付き確率 $P(Y = 晴 \mid X)$ が X によらず（あんまり）変わりません。2 つの確率変数がこうした「$P(Y \mid X)$ の値が X によらない」という性質をもつことを、2 つの確率変数 X, Y は**独立**であると言います。独立ではないことを非独立、または**従属**と言います*11。

ここで「$P(Y \mid X)$ が X によらない」という条件は少し使いにくいので、以下

		100 日後の天気 Y			
		晴	曇	雨	計
当日の天気 X	晴	0.450	0.424	0.126	1.000
	曇	0.464	0.425	0.110	1.000
	雨	0.464	0.391	0.145	1.000

表2.10：100日後の天気の条件付き分布

*10　期間が短いと $P(Y = 晴 \mid X = 晴)$ がたまたま多いなどということが起こりやすいため 5 年間に伸ばしています。また 30 日程度の間隔では独立性が棄却されたため、季節をまたぐように 100 日後としています。

*11　この X と Y が独立であること（正確には「独立ではないと言えないこと」）を統計的に確かめるときは、独立性検定などを使います。

のように書き換えます。まず、積の公式 $P(X,Y) = P(Y \mid X)P(X)$ の両辺を X 全体にわたって和を取ります。$P(X = \text{晴}, Y) + P(X = \text{曇}, Y) + P(X = \text{雨}, Y)$ などと書くのは長いので、$\sum_X$ で表します。

$$\sum_X P(X,Y) = \sum_X P(Y \mid X)P(X)$$

左辺は周辺化から $P(Y)$ です。X と Y が独立のとき、右辺の $P(Y \mid X)$ は X によらないので、$\sum_X$ の外に出せます。

$$P(Y) = P(Y \mid X) \sum_X P(X)$$

$\sum_X P(X) = 1$ より、(2.13) が得られます。

$$P(Y) = P(Y \mid X) \tag{2.13}$$

逆に (2.13) が成り立つとき、$P(Y \mid X)$ が $P(Y)$ に一致、つまり X によらないことから、X と Y が独立であると言えます。つまり (2.13) は独立性と同値です。

積の公式 $P(X,Y) = P(Y \mid X)P(X)$ に $P(Y \mid X) = P(Y)$ を代入すると (2.14) が得られます。

$$P(X,Y) = P(X)P(Y) \tag{2.14}$$

条件付き分布 $P(Y \mid X)$ が存在すれば、(2.14) の両辺を $P(X)$ で割ると (2.13) になりますので、(2.14) も独立性と同値です。

また (2.14) の両辺を $P(Y)$ で割ると (2.13) の X と Y を入れ替えた $P(X) = P(X \mid Y)$ が得られますから、「$P(Y \mid X)$ が X によらない」なら逆の「$P(X \mid Y)$ が Y によらない」も成り立ちます。

これらのことから、(2.13) と (2.14) のどちらも独立性の定義とみなせます。「X と Y が独立」という対称な表現には対称な定義のほうが合うためか、(2.14) を独立の定義とする本も多いです。しかし独立性の本質である「$P(Y \mid X)$ が X によらない」をより直接表すのは (2.13) です。応用性もこちらのほうが高いので、本書では (2.13) を独立の定義としています。

3 変数以上になると、「条件付き独立性」と呼ばれる少し深い関係性が出てきます。

$$P(X \mid Y, Z) = P(X \mid Z) \tag{2.15}$$

$$P(X, Y \mid Z) = P(X \mid Z)P(Y \mid Z) \tag{2.16}$$

(2.15) または (2.16) が成り立つとき、X と Y は Z のもとで**条件付き独立**である、と言います。(2.15) と (2.16) はお互いから相手を導けるので、同等な条件になります。

(2.15) が示すのは、X の条件付き確率 $P(X \mid Y, Z)$ が、Z を固定したときに Y によらないという性質です。(2.16) は、Z を固定したときに X と Y が独立というものです。条件付き独立という名前には後者の式のほうが合いますが実際の問題を解くときには (2.15) の形で使うことが多いので、前者の式を定義として覚えるのがおすすめです。

確率変数の独立性はとても強い条件で、これを仮定することでモデルの計算はとても簡単になりますが、現実の現象をモデリングするには強すぎて困ることも多いです。条件付き独立性は仮定の強さと計算しやすさのバランスがよく、ナイーブベイズ分類器（7.1 節）などの多くのモデルがこれを仮定として採用しています。

2.8 ベイズ公式

確率の積の公式 (2.6) は $P(X, Y)$ を $P(Y \mid X)$ と $P(X)$ の積の形に書きなおせるというものでした。これは確率変数 X と Y の役割を入れ替えても成立するはずです。

$$P(X, Y) = P(Y \mid X) \cdot P(X) \tag{2.17}$$

$$P(X, Y) = P(X \mid Y) \cdot P(Y) \tag{2.18}$$

どちらも左辺は $P(X, Y)$ です。したがって (2.17) = (2.18) より、

$$P(Y \mid X) \cdot P(X) = P(X \mid Y) \cdot P(Y)$$

が成立します。この両辺を $P(X)$ で割って得られる式 (2.19) を**ベイズ公式**、あるいは**ベイズの定理** と呼びます。

$$P(Y \mid X) = \frac{P(X \mid Y) \cdot P(Y)}{P(X)} \tag{2.19}$$

ベイズ公式は作り方からわかるとおり、積の公式を少しアレンジしただけです。これに大げさな名前が付いている理由は、この数式に大きな役割が2つあるからです。

1つ目は、(2.19) を $P(Y)$ から $P(Y \mid X)$ を求める式とみなして、分布を更新する役割です。この重要な役割について理解するにはいくつか準備が必要なので、第5章の「ベイズ確率」にて説明します。

2つ目は、$P(X \mid Y)$ から $P(Y \mid X)$ を求める式とみなして、条件付き確率をひっくり返す変換式としての役割です。

しかし「条件付き確率をひっくり返す」とはどういうことでしょう。条件付き確率は $P(X \mid Y)$ は「Y がわかっているときの X の確率」として定義しました。ということは $P(X \mid Y)$ を考えているとき、Y の値はすでにわかっているような気もします。

天気の例を当てはめて、$P(X \mid Y)$ が「当日の天気がわかっているときの、翌日の天気の確率」だとすると、$P(Y \mid X)$ は「翌日の天気がわかっているときの、当日の天気の確率」です。「翌日の天気がわかっているなら、その前の日の天気もわかっているから、確率を考える意味なんてないのでは？」と思うかもしれませんね。こうした、時間の前後関係や明らかな依存関係がある場合に、自然な順序とは逆の条件付き確率に対し抵抗を感じて、ベイズの公式を苦手としたり、それを含めてベイズ確率に対して強い批判をする人もいます。しかし「条件付き確率をひっくり返す」考え方は、直接知ることのできない原因や状態 X を Y から推定できるなど、とても強力です。こちらも詳細は第5章の「ベイズ確率」でお話しします。

ベイズ公式は、見た目にはそれほど難しそうな雰囲気はありませんが、実際に使うときには意外と手ごわい公式です。教科書では2変数のベイズ公式 (2.19) しか出てきませんが、機械学習では確率変数の数はもっとずっと多くなります。例えば、条件付き確率 $P(X, Y \mid Z, W)$ の Y と Z を入れ替える、という操作をベイズ公式に当てはめるとどうなるでしょう。正解は (2.20) です。

$$P(X, Y \mid Z, W) = \frac{P(X, Z \mid Y, W)P(Y \mid W)}{P(Z \mid W)} \tag{2.20}$$

(2.19) という公式を形式的に覚えているだけでは、(2.20) を正しく導くのは難しいでしょう。しかし $P(X, Y, Z \mid W)$ に3変数の積の公式 (2.10) を使って、X, Y と Z の積と、X, Z と Y の積に分解したものを比べることで、間違

わずに導けます (2.21) [*12]。

$$P(X, Y, Z \mid W) = P(X, Y \mid Z, W)P(Z \mid W)$$
$$P(X, Y, Z \mid W) = P(X, Z \mid Y, W)P(Y \mid W) \tag{2.21}$$

慣れると息をするように (2.20) の式変形もできたりしますが、最初からそんなことができる人はいません。急がば回れとよく言うように、公式 (2.19) を無理に使うことはせず、(2.21) のように導出することが一番の早道です。

[*12] 3 変数の積の公式を使わずに導くこともできます。すべての変数の同時分布 $P(X, Y, Z, W)$ を最初に考えて、これを X, Y と Z, W の 2 組の変数についての積の公式で展開、現れる $P(Z, W)$ をもう一度展開します。

$$P(X, Y, Z, W) = P(X, Y \mid Z, W)P(Z, W) = P(X, Y \mid Z, W)P(Z \mid W)P(W)$$

同じことを今度は X, Z と Y, W で行い、

$$P(X, Y, Z, W) = P(X, Z \mid Y, W)P(Y, W) = P(X, Z \mid Y, W)P(Y \mid W)P(W)$$

を得ます。2 式が等しいことから、

$$P(X, Y \mid Z, W)P(Z \mid W)P(W) = P(X, Z \mid Y, W)P(Y \mid W)P(W)$$

となり、両辺を $P(Z \mid W)P(W)$ で割ることで (2.20) が得られます。

月 Z	当日 X	翌日 Y 晴	曇	雨
1月	晴	89	21	3
	曇	21	9	3
	雨	5	1	3
2月	晴	38	20	10
	曇	18	20	11
	雨	7	13	4
3月	晴	52	24	2
	曇	21	17	15
	雨	8	10	6
4月	晴	43	28	2
	曇	19	22	15
	雨	9	8	4
5月	晴	42	28	1
	曇	26	31	11
	雨	4	8	4
6月	晴	8	15	3
	曇	14	62	20
	雨	2	19	7

月 Z	当日 X	翌日 Y 晴	曇	雨
7月	晴	28	21	0
	曇	20	58	10
	雨	2	10	6
8月	晴	47	21	1
	曇	22	41	10
	雨	0	9	4
9月	晴	31	29	1
	曇	22	39	10
	雨	8	4	6
10月	晴	44	26	5
	曇	23	29	10
	雨	10	5	3
11月	晴	39	33	3
	曇	24	22	12
	雨	11	4	2
12月	晴	63	28	4
	曇	27	17	4
	雨	6	3	3

表2.11：2011〜2015年の月別の当日と翌日の天気対の頻度（付録）

第3章

連続確率と正規分布

前章の「サイコロを振って X が出る確率」や、のちの7.1節に登場する「文章に単語 X が含まれる確率」などは事象が有限通りの確率です。このような有限通り、または整数などを飛び飛びの値を事象とする確率を**離散確率**と言います。

一方、確率変数の値が実数で表される確率を**連続確率**と呼びます。例えば身長や気温など、必ずしも飛び飛びの値では表しきれない値を確率で扱いたい場合に連続確率を用いるのはわかりやすいでしょう。しかしそれだけではなく、連続確率は計算しやすく強力な定理を持つという特徴から、テストの成績といった飛び飛びの値でも連続確率はよく使われます。

3.1 連続確率

その連続確率とは、実数に対する確率を単純に考えればいいでしょうか。連続確率も「確率」ということは、第2章の確率の定義の4条件を満たすはずです[*1]。

- **条件1**：あらかじめ全事象が決まっている
- **条件2**：各事象に0以上 の数値（確率）が決まっている
- **条件3**：事象が分割できるとき、もとの確率は分割した事象の確率の和になる
- **条件4**：全事象の確率は1になる

ここで連続確率がどのようなものを知るために、確率変数 X を0から1のすべての実数値を同じ確率で取るものとしたときの分布 $P(X)$ がどのようになるか考えてみましょう。

ちなみに、各事象が同じ確率を取る分布を**一様分布**と言います。また事象が数値である分布に対して、試行してその事象である数値を得ることを**乱数**と言います。一様分布やこのあと紹介する正規分布のように名前のついている分布に従う乱数は、分布の名前を冠して「一様乱数」「正規乱数」とも呼ばれます。プログラミングでよく用いる乱数関数は、この区間 $[0, 1]$ の一様乱数をコンピュータ上で実現したものになります。

[*1] 実数の任意の集合に対して連続確率が条件3を満たすには、厳密にはある制約が必要とわかっています。詳しくは測度論と呼ばれる分野の議論になりますが、本書では後述のとおり区間に対する確率のみを考えることでその議論を避けています。

X から得た一様乱数が今 0.5 だったとしましょう。X がこの値 0.5 を取る確率を仮に a とおきます。a は確率ですから $0 \leq a \leq 1$ です。

$$P(X = 0.5) = a$$

このとき X は 0 から 1 のすべての実数値を同じ確率で取るものでしたから、他のすべての値 $0 \leq x \leq 1$ に対しても $P(X = x) = a$ です。

一方、条件 3 と 4 から、0 から 1 の間のすべての値 x にわたって $P(X = x)$ を足すと 1 になるはずです。$P(X = x) = a$ から式 (3.1) が得られます。

$$\sum_{0 \leq x \leq 1} P(X = x) = \sum_{0 \leq x \leq 1} a = 1 \tag{3.1}$$

$\sum_{0 \leq x \leq 1} a$ などと気軽に書いてしまいましたが、実数の範囲にわたって足し算なんてできません。そこで $0 \leq x \leq 1$ に収まり、値がそれぞれ異なる適当な無限列として $D = 0.1, 0.01, \ldots, 10^{-n}, \ldots$ を考えます。$\sum_{0 \leq x \leq 1} a$ を形式的に考えたとき、その部分和 $\sum_{x \in D} a$ は $\sum_{0 \leq x \leq 1} a$ より小さいです。

$$\sum_{x \in D} a < \sum_{0 \leq x \leq 1} a = 1$$

このとき $a > 0$ なら $\sum_{x \in D} a$ は無限大に発散してしまうため、$a = 0$ しかありません。$X = 0.5$ 以外でも同じことが言えますので、連続な一様分布の各点での確率は 0 とわかりました！

ここでは議論しやすさのために一様分布にしましたが、一様ではない一般の連続分布でも、「分割して足したらもとに戻る」「全部足して 1」という両条件を満たすようにすると、同様にすべての点の確率は 0 となってしまうことがわかっています[*2]。

この議論のとおりなら、実際に観測された事象の確率でも 0 になるわけで、連続確率とはどうもとても奇妙なもののようです[*3]。

---

*2 厳密にはやはり測度論の話になりますが、非零な確率をもつ集合の測度はゼロになる、という形で定式化されます。ここでの議論は実はそれとは少し違っていて、可算無限以上の集合上に各点が非零な確率を持つ一様分布は作れないことを言っています。一様ではない連続分布でも連続性を仮定すれば、連続濃度のすべての点で非零な確率を持てないことは同等の議論で示せます。

*3 より正確な議論をするなら、実は連続分布は離散分布を近似したモデルであり、したがって離散分布のすべての性質（特に、起きうる各点の確率が正になるという性質）を持ってはいない、と

3.2 確率密度関数

引きつづき区間 $[0,1]$ の一様分布 X を題材に、連続確率を表現する方法を考えます。

連続確率の 1 点の確率は 0 になってしまうことがわかりました。では「X が 0 から 0.5 までの値を取る確率」だったらどうでしょう。区間 $[0,0.5]$ は全事象である $[0,1]$ のちょうど半分ですから、その確率は 0.5 でしょう。ここでは X が区間 $[a,b]$ の値を取る確率を $P(a \leq X \leq b)$ と書くことにします。

$$P(0 \leq X \leq 0.5) = 0.5 \tag{3.2}$$

同様に「0 から 0.2 までの値を取る確率」や「0.2 から 0.5 までの値を取る確率」も区間の大きさの割合からわかります。

$$P(0 \leq X \leq 0.2) = 0.2 \tag{3.3}$$

$$P(0.2 \leq X \leq 0.5) = 0.3 \tag{3.4}$$

そして (3.3) と (3.4) を加えると (3.2) に一致します。

$$P(0 \leq X \leq 0.2) + P(0.2 \leq X \leq 0.5) = P(0 \leq X \leq 0.5) = 0.5 \tag{3.5}$$

これらは $P(a \leq X \leq b)$ という区間の確率が「分割して足したらもとに戻る」「全部足して 1」という確率の定義を満たしていることを示しています。よく見ると (3.5) の左辺は点 $X = 0.2$ で重複していますが、1 点の確率 $P(X = 0.2)$ は 0 でしたから、重複は無視できます。

このような区間の確率をもう少し使いやすい形にするため、(3.6) のように変形します。

$$P(a \leq X \leq b) = P(0 \leq X \leq b) - P(0 \leq X \leq a) = F(b) - F(a) \tag{3.6}$$

ただし $F(x) = P(0 \leq X \leq x)$ とおきます。これは $F(x)$ がわかっていれば、任意の区間に対する確率 $P(a \leq X \leq b)$ が得られることを表しています。

なります。近代確率論を確立したコルモゴロフの『確率論の基礎概念』(A. N. コルモゴロフ 著／坂本實 訳、『確率論の基礎概念』（ちくま学芸文庫 コ-33-1）筑摩書房、2010 年）にも、「観察可能な確率過程を記述して得られるのは、有限な確率空間だけであって、無限確率空間は現実の確率現象を理想化したモデルにすぎない」と書かれています。

すべての確率を表現できる情報のことを確率分布というのでしたね。したがってこの $F(x)$ は連続確率（ただし区間限定）の確率分布の表現のひとつとみなせます。この $F(x)$ を**累積分布関数**と呼びます。確率変数 X の累積分布関数であることを明示したい場合は $F_X(x)$ のように書きます[*4]。

このあと、連続関数は区間（の和）で表される範囲に限定して考えることにします。実用上はこれで十分ですが、シンプルに「すべての集合に対して確率を考える」と言えばいいのに、と思われるかもしれません。そう言いたくても言えない理由に興味があれば、p.82のコラム「確率に測度論は必要？」を参照してください。

先ほどの区間 $[0,1]$ の一様分布の累積分布関数は (3.7) で与えられます。

$$F(x) = x \quad (0 \leq x \leq 1) \tag{3.7}$$

区間 $[0,1]$ の一様分布 X で $X < 0$ は全事象の範囲外、つまり起きないことがらですから、$P(X < 0) = 0$ と考えれば、累積分布関数は $F(x) = P(X \leq x)$ と一般的な形に書きなおせます。

累積分布関数 $F(x)$ について、(3.6) が確率であることから、$b > a$ に対して常に $F(b) - F(a) \geq 0$ でなければなりません。また、確率変数 X が $[0,1]$ での分布なら、分布の端での値 $F(0) = P(X \leq 0)$ は空集合の事象の確率、$F(1) = P(X \leq 1)$ は全事象の確率ですから、それぞれ $F(0) = 0$, $F(1) = 1$ です。X が実数全体をとるときも、分布の端を考えると同様に $F(-\infty) = 0$, $F(\infty) = 1$ です[*5]。

これらをあわせると、累積分布関数は 0 から 1 まで増加する（広義）単調増加関数であることがわかります。逆に、適当な「0 から 1 まで増加する単調増加関数 $F(x)$」を与えると、それが定める $P(a \leq X \leq b) = F(b) - F(a)$ は連続な確率分布とみなせます。

例えば、区間 $[0,1]$ でその条件を満たす $F(x) = x^2$ を考えてみます。この $F(x)$ が累積分布関数となる確率変数 X では、例えば $P(0.2 \leq X \leq 0.5) = F(0.5) - F(0.2) = 0.21$ のように区間の確率を計算できます。このように累積

*4 累積分布関数は離散確率でも同様に考えられますが、(3.6) の単純な定義では各点の確率が 0 になってしまうため、$P(a \leq X \leq b) = F(b) - \lim_{x \to a-0} F(x)$ のような定義をする必要があります。

*5 $\pm\infty$ という「値」はないので、ここでは $F(\pm\infty) = \lim_{x \to \pm\infty} F(x)$ の意味で使っている、としてください。

分布関数を考えることで確率分布を作れますが、一般に確率分布を作るときは、このあと紹介する確率密度関数が使われることが多いです。

範囲（区間）で考える連続確率では、点の確率が0になるため、各点ごとの起こりやすさを確率で表せません。起こりやすさ一定の一様分布ならそれでもいいでしょうが、一様ではない分布では各点ごとの起こりやすさがわからないのは困ります。せめて「$X = a$ は $X = b$ の2倍起こりやすい」のような相対的な起こりやすさだけでも知りたいところです。

ここで、$F(x)$ を微分した関数 $f(x) = F'(x)$ を考えてみます。微積分学の第2定理（A.2節）より、この $f(x)$ は (3.8) を満たします。

$$P(a \leq X \leq b) = F(b) - F(a) = \int_a^b f(x)dx \tag{3.8}$$

(3.8) より $f(x)$ は $F(x)$ と同様に確率分布 $P(X)$ を表せることがわかります。このような $f(x)$ は確率変数 X の **確率密度関数**と呼ばれます。確率変数 X の確率密度関数であることを明示したいときは $f_X(x)$ と書きます。これらの表記は必ずしも統一的なものではなく、確率は大文字の P、確率密度関数は小文字の p と使いわける表記を採用する本や論文もあります。確率密度と確率が異なることがわかりやすいため、本書では $f_X(x)$ という表記を採用しています。

例えば区間 $[0,1]$ 上の一様分布 X の累積分布関数は $F_X(x) = x \quad (0 \leq x \leq 1)$ でしたから、その確率密度関数は $f_X(x) = 1 \quad (0 \leq x \leq 1)$ と書けます。また、別の確率変数 Y の累積分布関数が $F_Y(x) = x^2$ であるとき、対応する確率密度関数は $f_Y(x) = 2x$ です。それぞれグラフに描いてみましょう（**図3.1**）。

図3.1の上段が累積分布関数、下段が確率密度関数です。累積分布関数ではその値が確率を表していますが、確率密度関数はその積分、つまり面積が確率を表します。具体的に、右上の累積分布関数 $F_Y(x) = x^2$ では $F_Y(a)$ が $P(Y \leq a)$ を表し、同じ分布の確率密度関数 $f_Y(x) = 2x$ では $x = a$ より左側の面積が $P(Y \leq a)$ を表しています。面積は「分割した面積の和は、もとの面積に一致する」という直感的な特徴があり、確率の持つべき特徴と一致しています。

確率密度関数の値を**確率密度**と呼びます。確率密度は確率ではありませんが（グラフで1を超えている！）、$f(0.4) = 0.8$ は $f(0.2) = 0.4$ の2倍なので $X = 0.4$ は $X = 0.2$ の2倍起こりやすい、のように、確率密度は各点での「起

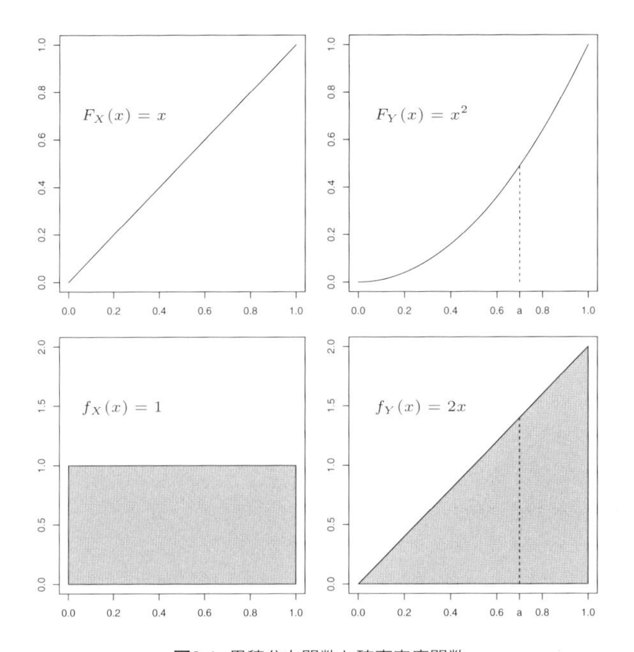

図3.1：累積分布関数と確率密度関数

こりやすさ」を表す値として確率の代わりに用いることができます（この重要な性質は 6.2 節 最尤推定で用います）。

累積密度関数は「0 から 1 まで増加する単調増加関数」でした。確率密度関数はその右肩上がりの関数の微分ですから、その値は常に 0 以上です。また全事象にわたって積分すると 1 になります。累積密度関数でもやったように、適当な「常に 0 以上で、全体で積分すると 1 になる関数」を作ると、それを確率密度関数とする確率分布 $P(X)$ を得られます。

なぜ $F(x)$ の微分 $f_X(x)$ で 1 点の起こりやすさを表せて、それを「確率密度」と呼ぶのか、という疑問もあるでしょう。直感的には、$\frac{P(X=A)}{A\,\text{の長さ}}$ を単位長あたりの確率、つまり「確率の密度」とみなし、事象 A を 1 点 a に縮めたときの $\frac{P(X=A)}{A\,\text{の長さ}}$ の値が $f_X(a)$ に一致することで説明できます。

$$\lim_{b \to a} \frac{P(X = A)}{A\,\text{の長さ}} = \lim_{b \to a} \frac{F(b) - F(a)}{b - a} = f_X(a)$$

離散確率では A の長さで割るような面倒なことを考えなくても $P(X = x)$

でそのまま1点での起こりやすさを表せます。そこで連続確率の確率密度と対比して、離散確率 $P(X=x)$ の一般式（x を代入することで $P(X=x)$ がわかる）は**確率質量関数**と呼ばれます。

連続確率の分布を表現する方法として、累積密度関数と確率密度関数の2種類を紹介しました。どちらも分布を十分に表現できますが、各点での起こりやすさを表現できる確率密度関数が使われることが多いです[*6]。

また、適当な実数関数 $h(x)$（0以上でなくてもいいし、積分して1にならなくてもいい）から確率密度関数の条件「常に0以上で、全体で積分すると1」を満たす関数を作れるのも確率密度関数が好まれる理由に挙げられます。作り方は簡単です。まず、関数 $h(x)$ と指数関数を合成した $\exp(h(x))$ を考えます。これでもう「常に0以上」を満たします。次に「全体で積分すると1」を満たすために、$\exp(h(x))$ を実数全体にわたって積分した値を Z とおき、$\exp(h(x))$ をその Z で割った関数を $f(x)$ とします (3.9)。

$$f(x) = \frac{1}{Z}\exp(h(x)), \quad ただし\ Z = \int_{-\infty}^{\infty} \exp(h(x))dx \tag{3.9}$$

この $f(x)$ は $f(x) > 0$ かつ全実数の範囲で積分した値は1になり、確率密度関数の条件を満たし、連続確率分布を1つ定めます。このとき Z は、$f(x)$ の積分を1にするための値であり、**正規化定数**と呼ばれます。正規化定数は $h(x)$ に対して決まる定数であり、(3.9) の表す分布の本質は $h(x)$ で表現されると考えられます。

ただし $h(x)$ はなんでもよいわけではなく、Z が無限大になってしまうとさすがに困るので、$h(x)$ は Z が有限値になる範囲で考えます。基本的には $x \to \pm\infty$ で $f(x) \to -\infty$ となるものを選んでおけば大丈夫です。例えばその条件を満たす $h(x) = -x^2/2$ に対して決まる確率密度関数があとで紹介する標準正規分布（3.6節）になります。

また全実数の範囲ではなく、正の値の範囲や適当な区間に対して考えることもできます。有限の区間であれば、$h(x)$ を $+\infty$ に発散しないように選ぶだけで Z を有限値にできるので、より自由に確率密度関数を作れます。ありもの

[*6] 累積分布関数にも連続確率と離散確率の両方を表現できるというメリットがあります。特に、連続と離散のハイブリッドな確率分布を確率密度関数で表すにはディラックデルタ分布と呼ばれる特殊な分布を導入する必要がありますが、累積分布関数なら特別な道具立てを使わずそのまま表現できます。

の確率分布を使うだけでなく、現実の現象をうまく表現できる確率密度関数を作るのも分野によっては重要です。

3.3 複数変数の連続確率

機械学習や統計では複数の変数の関係に興味がありますから、連続確率でも同時分布 $P(X,Y)$ などの複数の確率変数を持つ分布たちは重要です。

確率変数 X, Y のそれぞれが実数を取りうる連続確率であるとき、同時分布 $P(X,Y)$ は 2 変数の関数 $f(x,y)$ を使って (3.10) のように定義します。

$$P\left((X,Y) \in A\right) = \int_A f(x,y)dxdy \tag{3.10}$$

$f(x,y)$ は常に 0 以上の値を取り、全体を積分して 1 になる関数であり、同様に分布 $P(X,Y)$ の確率密度関数と呼ばれます。また、1 次元のときと同様に、X, Y の確率密度関数であることを明示したいときは $f_{X,Y}(x,y)$ のように表します。

事象 A は 2 次元の実空間の領域です。例えば $A = \{(x,y) \mid a \leq x \leq b, c \leq y \leq d\}$ という領域なら、右辺の積分は

$$\int_A f(x,y)dxdy = \int_c^d \left(\int_a^b f(x,y)dx\right) dy$$

と計算します。ただし $P\left((X,Y) \in A\right)$ という表記はあまり使いません。例えば上のような A なら $B = \{x \mid a \leq x \leq b\}$ と $C = \{y \mid c \leq y \leq d\}$ の積に分解し、$P(X=B, Y=C)$ と離散確率のときと同様に表記します。

3 変数の同時分布 $P(X,Y,Z)$ やそれ以上の場合も同様に定義します。また X の事象が n 次元ベクトルで表されるとき、$P(X)$ をベクトル空間 $\mathbb{R}^n$ 上で定義された確率密度関数 $f(\boldsymbol{x})$ を使って定義します。

周辺化は、一部の確率変数にわたって総和を取ることで、その確率変数を減らした分布を作るものでした。連続確率でも同様に定義しますが、離散確率なら足し算だった「総和」が、連続確率のでは積分になります。例えば確率変数 Y の全事象（動く範囲全体）を Ω_Y とし[*7]、X の事象を A とするとき、

[*7] Ω（オメガ）はギリシャ・アルファベットの最後の文字で、確率の全事象（現代確率論では標本空間に相当）を表す記号としてよく用いられます。

$$P(X = A) = P(X = A, Y = \Omega_Y) = \int_A \left(\int_{\Omega_Y} f_{X,Y}(x, y) dy \right) dx \quad (3.11)$$

であり、これを連続確率の周辺化とします。周辺分布 $P(X)$ の確率密度関数 $f_X(x)$ は、(3.11) より $f_X(x) = \int_{\Omega_Y} f_{X,Y}(x, y)dy$ という直感的な関係が成り立つことがわかります。

今回 Y の全事象を表す記号 Ω_Y を導入して説明しましたが、全事象にわたる積分を $\int_Y$ と簡易に表記することもよくあります。

条件付き分布は、同時分布と並んで重要な確率分布です。条件付き確率 $P(Y = B \mid X = A)$ は $X = A$ に制限したときの、$Y = B$ の割合として定義しました。連続確率の場合はこれを面積の割合に置き換えられます。$X = A$ に制限した面積は $\int_A \left(\int_{\Omega_Y} f(x, y)dy \right) dx = P(X = A)$、そのうちの $Y = B$ に制限した面積は $\int_A \left(\int_B f(x, y)dy \right) dx = P(X = A, Y = B)$ ですから、$P(Y = B \mid X = A)$ は (3.12) として求められます。

$$P(Y = B \mid X = A) = \frac{P(X = A, Y = B)}{P(X = A)} \quad (3.12)$$

(3.12) は確率の積の公式 (3.13) そのものです。

$$P(Y \mid X) = \frac{P(X, Y)}{P(X)} \quad (3.13)$$

また、$f_{X,Y}(x, y)$ と $f_X(x)$ をそれぞれ $P(X, Y)$ と $P(X)$ の確率密度関数とするとき、その比である $f_{X,Y}(x, y)/f_X(x)$ は (3.13) の関係を確率密度で表したものであり、そのことから**条件付き確率密度関数**と呼びます。他の確率密度関数と同様に、$P(Y \mid X)$ の条件付き確率密度関数 であることを明示したいときは $f_{Y|X}(y \mid x)$ と表記します (3.14)。

$$f_{Y|X}(y \mid x) = \frac{f_{X,Y}(x, y)}{f_X(x)} \quad (3.14)$$

ただし、条件付き確率密度関数を積分しても条件付き分布の確率は得られません。そのことは、(3.12) の右辺を確率密度関数の積分に展開したもの (3.15) と、条件付き確率密度関数 $f_{X,Y}(x, y)/f_X(x)$ を見比べるとわかります。

$$
\begin{aligned}
P(Y = B \mid X = A) &= \frac{P(X = A, Y = B)}{P(X = A)} \\
&= \frac{\int_B \int_A f_{X,Y}(x, y) dx dy}{\int_A f_X(x) dx} \\
&= \int_B \frac{\int_A f_{X,Y}(x, y) dx}{\int_A f_X(x) dx} dy
\end{aligned}
\tag{3.15}
$$

$f_{X,Y}(x,y)/f_X(x)$ を事象 A, B にわたって積分しても、(3.15) の右辺にはなりません。つまり、条件付き確率密度関数は確率密度の比で条件付き確率の「相対的な起こりやすさ」を表現したものであり、通常の確率密度関数を導入するときに使った「累積分布関数の微分」ではありません。条件付き確率密度関数の定義式 (3.14) は、そのまま確率密度版の積の公式であり、確率の積の公式と互換であることから、「条件付き確率密度と通常の確率密度は異なる」という事実を意識していなくても不都合は起きませんが、連続確率の条件付き確率はなかなかデリケートな存在であることは頭の片隅に留めておいてください[*8]。

連続確率の独立性も離散確率と同様に定義します。すなわち、確率変数 X, Y が独立であるとは、(3.16) または (3.17) が成立することを指します。

$$P(X)P(Y) = P(X, Y) \tag{3.16}$$

$$P(Y \mid X) = P(Y) \tag{3.17}$$

これを確率密度関数でも表しておきましょう。(3.16) の両辺を積分に展開し見比べると (3.18) となります。この両辺を $f_X(x)$ で割ると、(3.19) が得られます。つまり条件付き確率密度関数 $f_{Y|X}(y \mid x)$ が $P(Y)$ の確率密度関数 $f_Y(y)$ と一致するという、(3.17) に対応する関係が成立しています。

$$f_X(x) f_Y(y) = f_{X,Y}(x, y) \tag{3.18}$$

$$f_Y(y) = f_{X,Y}(x, y)/f_X(x) = f_{Y|X}(y \mid x) \tag{3.19}$$

このように、複数変数の離散確率での定義や定理をそのまま（条件付き）確率密度関数に移し替えることで連続確率での定義や定理を得られます。これも連続確率を表すのに確率密度関数がよく用いられる理由です。

---

*8 条件付き連続確率のデリケートさは、ある種のパラドックスの存在にも現れています。本書では詳しくは述べませんので、興味があれば「ボレル＝コルモゴロフのパラドックス」という名前で検索してみてください。

ベイズ公式も、連続確率で同様に考えられます。こちらは積の公式を 2 回使うだけでしたから、特筆することはありません。

$$P(Y \mid X) = \frac{P(X \mid Y)P(Y)}{P(X)}$$

3.4 確率の平均と分散

確率の平均

「平均」は日常的にもよく使われる言葉です。例えば「平均的な日本人」というと、一番ふつうの、多くの日本人に共通する特徴を持つような人物像を指すでしょう。これを見ると日本人についてだいたいわかる（気がする）という点で、「平均的な日本人」＝「日本人という集団の中心（代表）」という考え方もできます。

平均がその集団を説明する中心的なナニカだとして、一般に「集団の中心」にはどのようなものが考えられるでしょう。すぐ思いつくものとしては次の 2 つがあります。

1. 順番に並べたとき、ちょうど真ん中の順位にいるもの
2. 集団の中で一番多いもの

1 は**中央値**、2 は**最頻値**と呼ばれます。「平均的な日本人」は 2 のイメージがありますが、いわゆる「平均」はそのどちらでもありません。

平均は「平らに均（なら）す」という言葉のとおり、集団が持つ値について、大きいものを減らして小さい方に回すことで、全体が等しくなるようにしたときの値です（**図3.2**）。

値を分配しなおしているだけですから、すべてが平均値になっても個数と合計は変わりません。つまり **図3.2** の例では、

$$34 + 2 + 12 + 37 + 42 + 26 = m + m + m + m + m + m$$

を満たす $m = 153/6 = 25.5$ が平均値です。

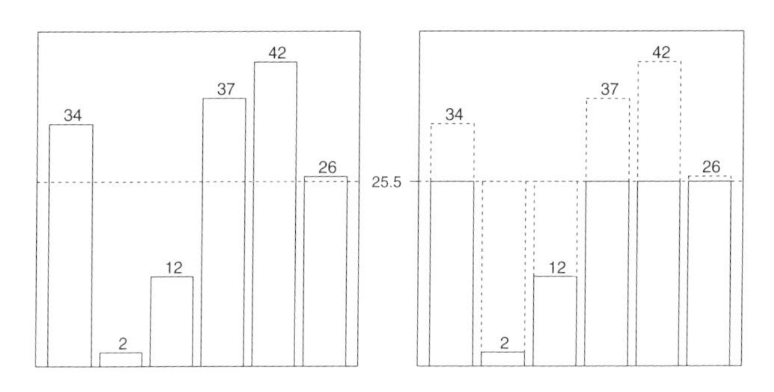

図3.2：平均

一般に集合 $X = \{x_1, \ldots, x_N\}$ に対し、X の平均 μ は (3.20) で求めます。平均（mean）の頭文字に対応するギリシャ文字 μ（ミュー）が平均を表すのによく使われます。

$$\mu = \frac{x_1 + \cdots + x_N}{N} = \frac{1}{N}\sum_{n=1}^{N} x_n \tag{3.20}$$

特に X が集合全体（母集団）とわかっているときの平均値 (3.20) は**母平均**とも呼ばれます。テストの平均点などは母平均です。

一方、「日本人の平均身長」が欲しいとき、すべての日本人から身長を聞き出すのは不可能ではないとしてもコストが掛かりすぎます。このような場合、集団の一部の平均を母平均の代わりとします。例えば 1,000 人の日本人をなんらかの方法で選び、その 1,000 人の身長 X に対して平均 (3.20) を計算します。このような抽出された一部（標本）の平均を**標本平均**と呼びます。テレビの視聴率（＝番組ごとの視聴世帯数の平均）は、見るを 1、見ないを 0 とした値の標本平均です。

標本平均の値は標本の選び方によって変わりますから、母平均と一致するとは限りません。その差は統計学でもっとも興味のあることのひとつであり、機械学習もその問題と無縁ではありませんが、それだけで本一冊費やすような話ですので、本書ではこれ以上触れません。以降は母平均と標本平均を明示的に区別しませんが、そこにデリケートな問題があることは覚えておいてください。

平均を考えたい対象には「テストの点数」や「気温」などいろいろあります。いずれも「起きる可能性のあることがら」をいくつも考えられるものであり、

	当選金	本数	当選率
1 等	1,000	1	0.05
2 等	200	4	0.20
ハズレ	0	15	0.75
計		20	1.00

表3.1：宝くじ

したがって確率変数で表現できます。そこで平均を確率に拡張できれば、「集団を説明する中心的な値」を扱うのに、確率の強力な枠組みが使えるようになります。

説明のための例として、**表3.1** のような宝くじを考えます。

この宝くじの当選金の平均は、当選金の合計を本数の合計で割った 90 円です。この宝くじは 1 枚 100 円で売りましょう！

$$\mu = \frac{1000 \times 1 + 200 \times 4 + 0 \times 15}{20} = 90$$

この平均を求める式は、(3.21) のように変形できます。

$$\begin{aligned}\mu &= 1000 \times \frac{1}{20} + 200 \times \frac{4}{20} + 0 \times \frac{15}{20} \\ &= 1000 \times 0.05 + 200 \times 0.20 + 0 \times 0.75 \end{aligned} \tag{3.21}$$

確率変数 X を宝くじの当選金とすると、この 0.05 などはそれぞれの当選率、つまり確率 $P(X = 1000) = 0.05$ です。X と $P(X)$ を使って式 (3.21) をさらに書き換えると、(3.22) となります

$$\begin{aligned}\mu &= 1000 \times P(X = 1000) + 200 \times P(X = 200) + 0 \times P(X = 0) \\ &= \sum_{x \in \{1000,200,0\}} xP(X = x) \end{aligned} \tag{3.22}$$

全事象を $\Omega = \{1000, 200, 0\}$ で表すと、確率変数 X に対して平均を求める式 (3.23) が得られます。

$$\mu = E(X) = \sum_{x \in \Omega} xP(X = x) \tag{3.23}$$

特に確率変数 X に対して決まる平均は**期待値**とも呼ばれます。期待値 (expectation) の頭文字を使って $E(X)$ あるいは $\mathbb{E}[X]$ といった記号で表します[*9]。

ここまで、暗黙に X は離散確率としてきましたが、連続確率についても同様に平均（期待値）を考えたいです。確率密度関数 $f(x)$ で表される連続確率分布 $P(X)$ に対し、式 (3.23) の確率 $P(X=x)$ を確率密度 $f(x)$ に、総和を積分に置き換えることで連続確率版の平均の計算式 (3.24) が得られます[*10]。

$$\mu = E(X) = \int_{\Omega} x f(x) dx \tag{3.24}$$

平均の性質についてもう少し確認しておきます。例えば平均身長や平均気温を計算したところ、160cm や摂氏 25 度だったとしましょう。そしてこれをアメリカの平均値と比べるために、アメリカで使われている単位（フィートや華氏）に変換しないといけない、という場合を考えます。ちなみにフィートと cm、摂氏と華氏は次のような関係があります。

$$x\,\mathrm{cm} = x/30.48\ \text{フィート}$$

$$\text{摂氏}\ x\ \text{度} = \text{華氏}\ (1.8x + 32)\ \text{度}$$

この場合、平均の値をそのまま上の変換式に代入して $160/30.48 = 5.25$ フィートと華氏 $1.8 \times 25 + 32 = 77$ 度と言ってもいいでしょうか。それとも単位が変わったらデータの数値もすべて変わるから、平均を計算しなおす必要があるでしょうか。

それを確認するために、集合 $X = \{x_1, \ldots, x_N\}$ とその平均 $\mu = \frac{1}{N}\sum_{n=1}^{N} x_n$ に対し、すべての値を定数 a 倍したときの平均と、すべての値に定数 b を足したときの平均を計算してみましょう。

*9 「平均」と「期待値」の 2 つの用語は基本的に同じものを指し、統計や機械学習で明確な使い分けは決まっていません。一般的には、何が起きるか定まっていない確率変数に対しては「期待値」、全体がわかっている集合や分布に対しては「平均」を使うことが多いでしょう。

*10 厳密には、区間の確率を使って平均を近似表示し、その極限として (3.24) を得ます。

$$\frac{1}{N}\sum_{n=1}^{N} ax_n = a\frac{1}{N}\sum_{n=1}^{N} x_n = a\mu$$

$$\frac{1}{N}\sum_{n=1}^{N}(x_n + b) = \frac{1}{N}\sum_{n=1}^{N} x_n + \frac{1}{N}\sum_{n=1}^{N} b = \mu + b$$

これで計算済みの平均の単位を変換すれば大丈夫とわかりました。

確率変数 X についても同様に定数の掛け算や足し算ができます。例えば定数 a 倍した事象をとる確率変数を aX と書きます。その aX の平均はもとの X の平均の a 倍です (3.25)。定数 b を足した事象をとる確率変数 $X+b$ も同様です (3.26)。

$$E(aX) = aE(X) \tag{3.25}$$

$$E(X+b) = E(X) + b \tag{3.26}$$

$E(aX) = aE(X)$ を導くには、$E(aX)$ に確率変数の平均の定義式 (3.23) を当てはめます。

$$E(aX) = \sum_x xP(aX = x) = a\sum_x (x/a)P(X = x/a)$$

と変形し、ここで x が確率変数 aX の全事象を動くとき、x/a は X の全事象を動くことから、$\sum_x (x/a)P(X = x/a) = E(X)$ となります。ここが平均を使った計算のポイントになります。$E(X+b)$ や、連続変数の平均についても同様に計算できます。

確率変数同士の足し算はさらに重要です。2 種類の宝くじ X, Y があって、その当選金の平均がそれぞれ $E(X) = 100, E(Y) = 50$ だったとしましょう。このとき、宝くじを 2 種類とも 1 枚ずつ買ったときの当選金の確率変数を $X+Y$ と表しましょう。その平均 $E(X+Y)$ は $E(X+Y) = E(X)+E(Y) = 100+50 = 150$ でしょうか。

もう少しだけ難しくしてみましょう。箱に 10 本のスピードくじが入っていて、1 本だけ当選金 1,000 円のくじがあります。1 本あたりの当選金の平均は 100 円ですね。ここで、くじを続けて 2 本引き、1 本目の当選金を X、2 本目を Y とします。宝くじとの違いは、X が当たりだったら、Y が当たりの可能性はなくなる、つまり X と Y が独立ではない点です。このとき 2 本

の当選金の平均 $E(X+Y)$ はいくつでしょう。$E(X)=E(Y)=100$ から $E(X+Y)=E(X)+E(Y)=200$ と言ってもいいのでしょうか？

$E(X+Y)$ に平均の定義を当てはめると、

$$E(X+Y)=\sum_z zP(X+Y=z)$$

となります。この $P(X+Y=z)$ が難物です。$P(aX=x)$ は、$aX=x$ となるのが $X=x/a$ のときだけでしたから簡単に変形できました。$P(X+Y=z)$ では X も Y も動くため、自然数の範囲で考えても、$X+Y=z$ となる X, Y は $(X,Y)=(1,z-1),(2,z-2),\ldots$ のように複数あります。$X=x$ を動かし、相棒の $Y=z-x$ と組で考えることで $X+Y=z$ となる事象はすべて覆いつくします。分割した確率はその確率の和で書けますから、

$$P(X+Y=z)=\sum_x P(X=x,Y=z-x)$$

となります*11。難しいことをしているように見えるかもしれませんが、2個のサイコロの目の和が5になるのは「1、4」「2、3」「3、2」「4、1」の4通りあるイメージです。

このあとは、最後まで計算してから解説しましょう。数式を大量に見ると頭痛がする人は、最後の行だけ見てください。

$$\begin{aligned}
E(X+Y)&=\sum_z zP(X+Y=z)\\
&=\sum_z z\sum_x P(X=x,Y=z-x)\\
&=\sum_x\sum_z zP(X=x,Y=z-x) && (3.27)\\
&=\sum_x\sum_z\{xP(X=x,Y=z-x)+(z-x)P(X=x,Y=z-x)\} && (3.28)\\
&=\sum_x\{xP(X=x)+\sum_y yP(X=x,Y=y)\} && (3.29)
\end{aligned}$$

*11 このような計算を**畳み込み**と言います。深層学習でよく使われる畳み込みネットワークでもこの種の計算が現れます。

$$= E(X) + \sum_y y \sum_x P(X = x, Y = y) \tag{3.30}$$

$$= E(X) + \sum_y yP(Y = y) \tag{3.31}$$

$$= E(X) + E(Y)$$

それぞれの行で何をしているか解説します。数式を飛ばした人も、これだけの手順があることは見ておいてください。(3.27) は x と z の和を取る順序を入れ替えています。(3.28) は $Y = z - x$ に合わせて $z = x + (z - x)$ とトリッキーな変形をしています。前半の $xP(X = x, Y = z - x)$ は、$z - x$ が Y の全事象を動くので周辺化できて (3.29)、X の平均 $E(X)$ になります (3.30)。後半の $(z - x)P(X = x, Y = z - x)$ は、$y = z - x$ と置き換え、これが Y の全事象を動くことから x に依存しないことが言えます (3.29)。もう一度 x と y の和を取る順序を入れ替えて (3.30)、周辺化 (3.31) すると $E(Y)$ になります。

この $E(X + Y) = E(X) + E(Y)$ という結果は、おそらく直感どおりのものだったでしょう。しかし直感が正しかったから計算しなくてよかったわけではありません。この計算のおかげで、X と Y が独立ではない場合にも安心して $E(X + Y) = E(X) + E(Y)$ が使えます。なお、連続変数についても同様に $E(X + Y) = E(X) + E(Y)$ が成立します[*12]。

分散

ここまで平均（期待値）という集団の中心的な値についてみてきました。しかし「平均的な日本人」で日本人全体がわかったりしないように、平均を見て分布や確率変数のすべてがわかるわけではありません。とはいえ、分布について知りたいとき、常に分布全体を見るしかないのも困ります。平均の他にも「分

*12 引き算は $E(X - Y) = E(X + (-1)Y) = E(X) - E(Y)$ です。掛け算 $E(XY)$ は一般には求まりませんが、X と Y が独立（2.7 節）なら、

$$\begin{aligned} E(XY) &= \sum_z zP(XY = z) = \sum_z z \sum_x P(X = x, Y = \tfrac{z}{x}) \\ &= \sum_x P(X = x) \sum_z x\tfrac{z}{x} P(Y = \tfrac{z}{x}) = \sum_x xP(X = x)E(Y) \\ &= E(X)E(Y) \end{aligned}$$

より $E(XY) = E(X)E(Y)$ となります。

X	1	2	3	4	5	6
平均との差	2.5	1.5	0.5	0.5	1.5	2.5
(平均との差)^2	6.25	2.25	0.25	0.25	2.25	6.25

表3.2：サイコロの離れ具合

布のことがある程度わかる値」が欲しいところです。そういう値はいくつかありますが、平均の他にもう1つだけ、と言われたときに誰もが選ぶのはこれから紹介する「分散」です。

今、6つの面に次の値が書かれた3種類のサイコロ X, Y, Z を考えてみましょう。

- **サイコロ X**：1、2、3、4、5、6
- **サイコロ Y**：1、1、1、6、6、6
- **サイコロ Z**：3、3、3、4、4、4

サイコロ X の平均は $E(X) = (1+2+3+4+5+6)/6 = 3.5$ です。サイコロ Y, Z の平均も同じく $E(Y) = E(Z) = 3.5$ になります。しかし「平均が同じ 3.5 だから、3つとも同じようなサイコロだ」と思う人はいないでしょう。

分布の単純な見分け方に、値の出る範囲を見る方法があります。サイコロ X は1から6までの目が出ますが、Z は3と4しか出ないので、明らかに異なるサイコロです。しかしサイコロ Y も最小は1で最大は6ですから、範囲だけなら X と区別が付きません。

最大と最小だけではなく他の値（事象）も含めた全体がどのように散らばっているかを1つの値で表せたら、分布を比べるのに役立ちそうです。散らばりを見るには、どこかに中心を取って、中心からの「離れ具合」を測ってみるとよいでしょう。そこでサイコロ X について、平均 3.5 を中心としたときの各目との差、そしてその差の2乗を **表3.2** にまとめてみました。

ここで (平均との差)^2 を各点ごとの中心からの「離れ具合」とし、その平均を「全体の散らばり具合」を表す値とします。これをサイコロ X の**分散**と言い、分散 (variance) の頭文字をとって $V(X)$、または σ^2 で表します (3.32)。σ は s に相当するギリシャ文字で「シグマ」と読みます。分散の v ではなく σ に2乗が付いたもので分散を表す理由はのちほどわかります。

$$V(X) = \frac{6.25 + 2.25 + 0.25 + 0.25 + 2.25 + 6.25}{6} = \frac{35}{12} = 2.92 \tag{3.32}$$

サイコロ Y, Z の分散も同様に計算してみると、サイコロ X の分散とは異なっています (3.33)。

$$\begin{aligned} V(Y) &= \frac{3 \times (1-3.5)^2 + 3 \times (6-3.5)^2}{6} = 6.25 \\ V(Z) &= \frac{3 \times (3-3.5)^2 + 3 \times (4-3.5)^2}{6} = 0.25 \end{aligned} \tag{3.33}$$

改めて一般の記号で分散を定義しておきます。集合 $X = x_1, \ldots, x_N$ とその平均 $\mu = \frac{1}{N}\sum_n x_n$ に対して、分散 σ^2 は

$$\sigma^2 = \frac{1}{N}\sum_{n=1}^{N}(x_n - \mu)^2 \tag{3.34}$$

で計算できます[*13]。

確率変数 X に対しては (3.35) となります。

$$V(X) = E\left((X - E(X))^2\right) \tag{3.35}$$

分散では中心からの離れ具合に差の2乗を使いましたが、2乗する前の差（絶対値）を離れ具合とみななしても問題ない気もします。中心も、本節の冒頭で出てきた中央値や最頻値など、平均以外の選択肢があります。なぜ、その中で分散を大事にするのでしょうか。

そうした疑問に p.61 のコラム「2乗の代わりに絶対値を使うと？」でも一部答えていますが、実はもうひとつ重要な要因があります。

それを明らかにするために、平均でも考察した aX や $X+b$、そして $X+Y$ の分散を考えてみましょう。確率変数 $aX, X+b$ を (3.35) に入れると、

[*13] 平均に母平均と標本平均があったように、X が集合全体（母集団）であるとき (3.34) は「母分散」、X が全データではなく一部（観測データ、標本）であり、平均も標本平均であるときは「標本分散」と言います。標本平均は母平均と必ずしも一致しないことと、標本平均は分散が最小となる中心であること（p.61 のコラム「2乗の代わりに絶対値を使うと？」）をあわせて考えると、標本分散は母分散より小さくなりやすいことがわかります。そこで、その期待値が母分散と一致するように標本分散を少し大きく補正（$\frac{N}{N-1}$ 倍）したものを「不偏分散」と呼びます。統計ではこの違いがとても重大ですが、紙幅の関係で本書ではこれ以上詳しくは扱いません。機械学習でもデータサイズが小さい場合や、理論寄りの話になると、この標本分散と不偏分散の違いが重要になってくることがあります。

$$V(aX) = E\left((aX - E(aX))^2\right)$$
$$= E\left(a^2(X - E(X))^2\right)$$
$$= a^2E\left((X - E(X))^2\right) = a^2V(X) \tag{3.36}$$
$$V(X+b) = E\left((X + b - E(X+b))^2\right)$$
$$= E\left((X - E(X))^2\right) = V(X) \tag{3.37}$$

となります。(3.37) は、定数を足しても、中心が全体と一緒にずれるので、散らばり具合は変わらないという感覚的にもわかりやすい結果です。

(3.36) は、確率変数を 2 倍したら分散は 4 倍、3 倍したら 9 倍になると言っています。分散が差の 2 乗の平均であることを考えると、こちらも納得のいく性質です。

しかし「全体を 2 倍したら、そのまま 2 倍になる散らばり具合」が欲しいこともあります。その場合は分散の平方根 $\sqrt{V(X)}$ を使います。これを**標準偏差**と言い、標準偏差（standard deviation）の頭文字に対応するギリシャ文字 σ で表します。分散を σ^2 で表記する理由は、標準偏差 σ の 2 乗だからでした。

$X+Y$ の分散も同じように計算してみましょう。

$$V(X+Y) = E\left((X + Y - E(X+Y))^2\right)$$
$$= E\left((X - E(X) + (Y - E(Y))^2\right)$$
$$= E\left((X - E(X))^2 + (Y - E(Y))^2 + 2(X - E(X))(Y - E(Y))\right)$$
$$= V(X) + V(Y) + 2E\left((X - E(X))(Y - E(Y))\right) \tag{3.38}$$

和の分散 $V(X+Y)$ は $V(X)+V(Y)$ に $2E\left((X-E(X))(Y-E(Y))\right)$ という余計な項がついてしまいました。この $E\left((X-E(X))(Y-E(Y))\right)$ は**共分散**と呼ばれ、X, Y が独立なら 0 になることが知られています[*14]。

共分散（covariance）は 3.8 節と第 6 章で活躍しますので、今は $\mathrm{Cov}(X,Y)$ という記号だけ割り当てておきましょう。

$$\mathrm{Cov}(X,Y) = E\left((X - E(X))(Y - E(Y))\right)$$

[*14] X, Y が独立なら、$E(XY) = E(X)E(Y)$ を使って（脚注 12、p.56）以下のようになります。

$$E\left((X - E(X))(Y - E(Y))\right) = E(X - E(X))E(Y - E(Y)) = 0$$

また特に $\mathrm{Cov}(X,X) = E\left((X - E(X))^2\right) = V(X)$ です。

(3.38) より、確率変数 X, Y が独立のとき、和の分散は分散の和となります[*15]。

$$V(X+Y) = V(X) + V(Y) \tag{3.39}$$

さて、「全体の散らばり具合」を表す値を考えるときに、「離れ具合」に中心との差の 2 乗と絶対値のどちらを使うべきか、中心は平均でいいのか、という話をしていたことを思い出してください。実は、その選択肢の中で (3.39) のような加法の関係が成立するのは、変数が独立の場合に限っても、平均を中心とし、「離れ具合」に差の 2 乗を使ったパターンだけです。これも散らばり具合を表すのに分散を採用する根拠のひとつと考えられるでしょう。

確率変数に定数を掛けたときと足したときの変換式をまとめると (3.40)(3.41) となります。

$$E(aX+b) = aE(X) + b \tag{3.40}$$

$$V(aX+b) = a^2V(X) \tag{3.41}$$

これは、確率変数 X に対して、a, b をうまく選べば、$aX+b$ の平均と分散（標準偏差）を好きな値にできることを表しています。例えば、あるテストの点数 X の平均点が μ 点、分散が σ^2 だったとき、$a = 10/\sigma$, $b = 50 - a\mu$ という a, b を使うと、$aX+b$ の平均は $E(aX+b) = 50$、分散 は $V(aX+b) = 100$（標準偏差が 10）となります。テストの点数をこのように変換した値 $aX+b$ は「偏差値」として、内容の異なるテストの成績同士を比べるためにとてもよく使われています。

また、$a = 1/\sigma$, $b = -a\mu$ を選んだときの $aX+b = (X-\mu)/\sigma$ は平均 0、分散 1 となります。確率変数をこのように変換することを特に分布の**標準化**あるいは**正規化**と呼びます。分布の形や性質に興味がある場合は、標準化して平均や分散の違いをなくして考察します。

なお、連続分布の場合、確率変数の変換は累積分布関数や確率密度関数の変数変換に相当します。分布 $P(X)$ の累積分布関数を $F_X(x)$、確率密度関数を $f_X(x)$、$Y = aX+b$ の分布 $P(Y)$ の累積分布関数 $F_Y(y)$、確率密度関数

[*15] 引き算の分散は $V(X-Y) = V(X) + V(Y)$ と分散の足し算になります。これは $V(-X) = V(X)$ であることを考えるとわかりやすいでしょう。

$f_Y(y)$ とするとき、$F_Y(y), f_Y(y)$ を $F_X(x), f_X(x)$ で表す方法を考えます。

$$\begin{aligned}F_Y(y) &= P(Y \leq y) = P(aX + b \leq y) = P\left(X \leq \frac{y-b}{a}\right)\\ &= F_X\left(\frac{y-b}{a}\right)\\ f_Y(y) &= \frac{d}{dy}F_Y(y) = \frac{d}{dy}F_X\left(\frac{y-b}{a}\right) = \frac{1}{a}f_X\left(\frac{y-b}{a}\right) \qquad (3.42)\end{aligned}$$

このように累積分布関数を先に考えると $f_X(x)$ と $f_Y(y)$ の関係も易しく示せます。ここでは $Y = aX + b$ という線形な変換のみ扱いましたが、任意の変数変換でこの考え方は有効です[*16]。

Column

2乗の代わりに絶対値を使うと？

「全体が中心からどれくらい離れているか」を表す分散を求めるのに、中心＝平均としてきましたが、平均が中心で本当にいいでしょうか。例えば「1、2、3、4、5、15」のような極端なサイコロの平均は5ですが、位置も数値もあまり「中心」っぽくない気がします。

また、離れ具合として差の2乗を使いましたが、絶対値を選ぶことだってできたはずです。

そこで、サイコロ「1、2、3、4、5、15」の中心はひとまず c とおいてあとで決めることにして、値 x と中心 c の離れ具合に差の2乗 $(x-c)^2$ を使った場合と、差の絶対値 $|x-c|$ を使った場合を比べてみましょう。

差の2乗を使った場合、中心 c からの離れ具合の平均 V_c は、

$$\begin{aligned}V_c &= \frac{1}{6}\{(1-c)^2 + (2-c)^2 + (3-c)^2 + (4-c)^2 + (5-c)^2 + (15-c)^2\}\\ &= \frac{1}{6}(6c^2 - 60c + 280) = (c-5)^2 + \frac{65}{3}\end{aligned}$$

となります。V_c は中心 c の選び方で増減し、最小となるのは平方完成の式より $c = 5$ です。この V_c が一番小さくなるような c が「離れ

*16 確率密度関数の変数変換で出てくる $1/a$ のような係数は「ヤコビアン」と呼ばれます。これを「変数変換でヤコビアンが出てくる」と形式的に覚えていると逆数を掛けてしまったりします。(3.42) のように考えると間違いません。

具合に差の2乗を選んだときの中心」と考えるのは理にかなっていそうです。そういえば5って平均でしたよね。

実はもとのデータが何であっても、V_c が最小になるのは c がデータの平均のときであることは簡単な計算で確かめられます。

一方、絶対値を使った場合の中心 c からの離れ具合の平均 D_c は

$$D_c = \frac{1}{6}\{|1-c| + |2-c| + |3-c| + |4-c| + |5-c| + |15-c|\}$$

となります。同様に D_c が最小となる c を「離れ具合に差の絶対値を選んだときの中心」と考えたいです。その c を求めるために、横軸に c をとった D_c のグラフを見ます

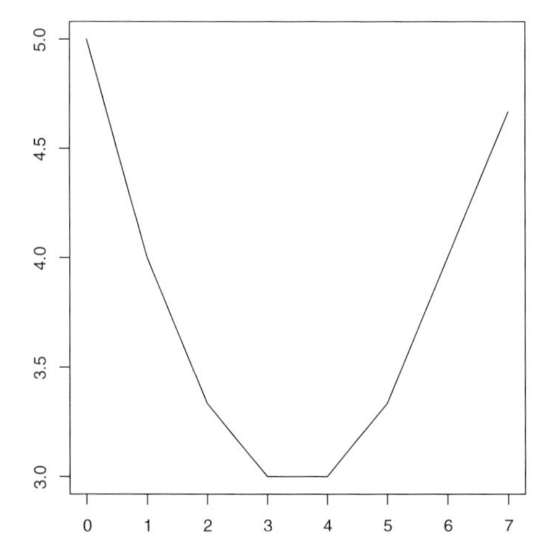

図：離れ具合に差の絶対値を選んだ場合の c と D_c の関係

グラフより、D_c が最小となる c は「3と4のあいだ」です。

一般に D_c を最小とする c は、データ数が奇数 $2n+1$ 個のときは、データを大小順に並べたときの $n+1$ 番目に決まります。データ数が偶数 $2n$ のときには、n 番目から $n+1$ 番目の間となり1つに定まりませんが、便宜上その中間をとることにすれば、D_c を最小とする c はいわゆる**中央値**に一致します。

このことから「離れ具合の選び方」と「中心の選び方」は関連していることがわかります。ちなみに「中心を平均、離れ具合に差の絶対値」という対応しない組み合わせを選んだときの散らばり具合にも**平均偏差**という名前はついていますが、あまり使われません。

3.5 二項分布

ここまでサイコロなどの例を使って確率分布を説明してきました。そろそろ準備も整ってきましたので、統計や機械学習でもよく使われる実用的な分布を紹介しましょう。まずこの節で「二項分布」を紹介し、そして次の節ではいよいよ「正規分布」が登場します。

二項分布は表が出る確率 p のコインを n 回投げたときの、その表が出た回数 X の分布です。X は 0 から n までの整数であり、$P(X)$ は離散な確率分布となります。

二項分布はコイン投げだけではなく、さまざまな現象を表現するのに使われます。合格率 p の学校を n 人の生徒が受験したときの合格人数 X、種のなる確率が p である花が n 個あるときの収穫できる種の数 X、年間の故障率が p の機械が n 台あるときの故障台数 X……。最近なら、スマホゲームでよく行われているガチャ（ランダムにアイテムやキャラクタが出てくるクジ）で、当たりの確率が p のとき、ガチャを n 回引いて当たりの本数 X という例を実感しやすい人もいるでしょう[*17]。

確率変数 X が二項分布に従うとき、$P(X=r)$ は、n 回のコイン投げで r 回が表（確率 p）、$n-r$ 回が裏（確率 $1-p$）となる確率です。例えば $n=4$, $r=2$ の場合、4 回のうち表（確率 p）になる 2 回の選び方は組み合わせの記号を使うと ${}_4C_2=6$ 通りです。そして、各選び方の確率は等しく $p^2(1-p)^2$ です。ここに重複も漏れもありませんから、確率のルールによりこれらを足した ${}_4C_2p^2(1-p)^2$ が 4 回中 2 回表が出る確率になります。

[*17] ガチャに馴染みのない人向けに補足すると、多くのプレイヤーは低確率の当たりが欲しくて、同じガチャを何十回、何百回と引くのです……。

p	p	$1-p$	$1-p$	$p^2(1-p)^2$
p	$1-p$	p	$1-p$	$p^2(1-p)^2$
p	$1-p$	$1-p$	p	$p^2(1-p)^2$
$1-p$	p	p	$1-p$	$p^2(1-p)^2$
$1-p$	p	$1-p$	p	$p^2(1-p)^2$
$1-p$	$1-p$	p	p	$p^2(1-p)^2$

} ${}_4C_2\, p^2(1-p)^2$

同じ考え方で、一般の n, r に対する二項分布の確率質量関数 $P(X=r)$ は (3.43) のように書けます。

$$P(X=r) = \mathrm{Binom}(r; n, p) = {}_nC_r p^r (1-p)^{n-r} \tag{3.43}$$

「表が出る確率 p のコインを〜」といちいち説明するのも、対象が変わるたびに説明文を書きなおすのも大変です。そこで二項分布のようなよく知られ、よく使われる分布は (3.43) にも出てきたような $\mathrm{Binom}(r; n, p)$ という表記を持っています。

Binom は二項分布の英語 binomial から取っています。$\mathrm{Bin}(r; n, p)$ や $\mathrm{B}(r; n, p)$ と書かれることもあります。セミコロン (;) の前は確率変数の取る値（事象)、後ろは二項分布を特徴づけるパラメータ n, p を置きます。この記号を使って $P(X=r) = \mathrm{Binom}(r; n, p)$、あるいは簡略した $X \sim \mathrm{Binom}(n, p)$ と書くと、「確率変数 X はパラメータに n, p を持つ二項分布に従う」と言えます。

計算は省略しますが、二項分布 $X \sim \mathrm{Binom}(n, p)$ の平均と分散はそれぞれ以下のようになります[*18]。

$$E(X) = np, \quad V(X) = np(1-p)$$

分散 $V(X) = np(1-p)$ はとても重要ですが、分散（標準偏差）の働きを説明するにはまだ道具が足りていないので、次節までお待ち下さい。

平均 $E(X) = np$ は、確率 p で表が出るコインを n 回投げたら、平均して np 回表が出るだろう、という直感どおりの式です。ただしそれは「当選率 $p = 1/100 = 0.01$ のクジを 100 回引いたら 1 回当たりが出る」という意味で

*18 二項分布の平均と分散のどちらも $(a+b)^n = \sum_{r=0}^{n} {}_nC_r a^r b^{n-r}, \quad {}_nC_r = \frac{n!}{r!(n-r)!}$ という展開をうまく使うことで計算できます

はありません。二項分布 $X \sim \mathrm{Binom}(100, 0.01)$ の確率を実際に確認してみましょう。

$$
\begin{aligned}
P(X=0) &= {}_{100}C_0 \times 0.01^0 \times 0.99^{100} = 0.366 \\
P(X=1) &= {}_{100}C_1 \times 0.01^1 \times 0.99^{99} = 0.370 \\
P(X=2) &= {}_{100}C_2 \times 0.01^2 \times 0.99^{98} = 0.185 \\
P(X=3) &= {}_{100}C_3 \times 0.01^3 \times 0.99^{97} = 0.061 \\
&\vdots
\end{aligned}
$$

「100 回引いて 1 回当たり」の確率 $P(X=1)$ がたしかに一番高いですが、「100 回引いて 1 回も当たらない」$P(X=0)$ もほぼ同じくらいの確率です。100 人がチャレンジしたら、だいたい 37 人前後は「100 回引いて 1 回も当たらない」*19ということです。恐ろしいことに、さらにそのクジを引きつづけて 200 回まで引くと「平均して 2 回当たり」ですが、それでもまだ 1 回も当たらない確率は $\mathrm{Binom}(0; 200, 0.01) = 0.134$（7.5 人に 1 人！）もあります。

「同じクジを引きつづける」問題であるスマホゲームのガチャで、自分は 200 回引いても当たらないという「不公平」が起きるとズルを疑いたくなります。しかし二項分布のモデルで説明すると、その「不公平」は確率どおりの公正なクジでも十分起きうるとわかります。スマホゲームのガチャではそういう「不公平感」を解消するために、「100 回引いたら当選保証！（99 回連続でハズレたら、次の回は 100% 当選する）」のような変形クジがさまざまに作られています。

そういう変形クジも二項分布でしょうか。二項分布は「どの対象でも、あるいは何回目でも確率 p が常に一定である」という仮定があります。変形クジはこの仮定を満たさないため、二項分布ではありません。

「確率 p が常に一定」はかなり強い仮定です。この節の初めに、入試の合格数を二項分布の例として挙げていました。そこでは「合格率 p が全生徒で同じ」と仮定していることになりますが、ちょっと大雑把で無理のある仮定のようにも思えます。それでも二項分布を当てはめたい（当てはめてもいい）のは、似ていなくても役に立つからです（1.2 節の人体模型の話を思い出してください）。

*19 当選率 $1/n$ のクジを n 回引いても 1 回も当たらない確率は n によらずだいたい $1/e = 0.368$（$e = 2.718\ldots$ は自然対数の底）になることがわかっています。

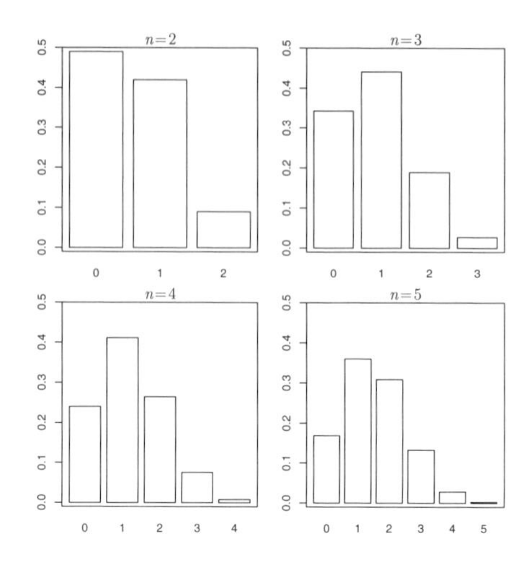

図3.3：二項分布（$p = 0.3,\ n = 2, 3, 4, 5$）

二項分布についてもう少し知るため、$p = 0.3$（少しいびつなコイン）を固定して、n を徐々に増やしながら二項分布 $\mathrm{Binom}(n, p)$ のグラフを描いてみましょう（**図3.3**）。

n が増えるにつれて $E(X) = 0.3n$ 付近を頂点とした山の形になっていきます。n をさらに増やして様子を見てみましょう（**図3.4**）。

分布の山が少しずつ右に移動し、山の両側がなだらかになっています。n が小さいときは明らかに左右対称ではないですが、$n = 30$ あたりになると、なんだか対称に近づいているようにも見えます。

もっともっと n を増やしてみましょう。$n = 30$ の図を見ると、両端の確率はとても小さいので（30 回投げて 20 回以上表が出ることは少ない）、分布全体ではなく山の周りを中心に、またこれ以上細かくなると棒グラフは厳しいので、折れ線グラフで描画することにします（**図3.5**）。

$n = 50, 100, 200, 1000$ の 4 枚とも、なんだか左右対称な同じ形の山に見えます。今度は $n = 1000$ を固定して、p を変えてみましょう（**図3.6**）。

山の位置や幅こそ違いますが、やはりそっくりです。山の位置（中心）を決める平均、山の幅を決める分散は、前節の最後で言っていたように、簡単な確率変数の変換で平均 0、分散 1 に標準化できるのでしたね。そこで $(X - np)/\sqrt{np(1-p)}$

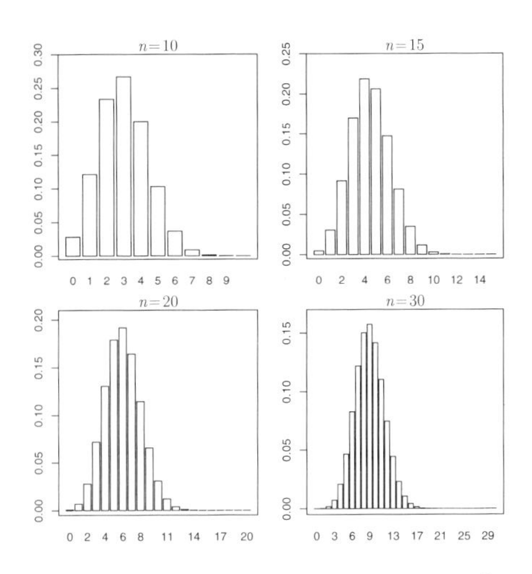

図3.4：二項分布（$p = 0.3,\ n = 10, 15, 20, 30$）

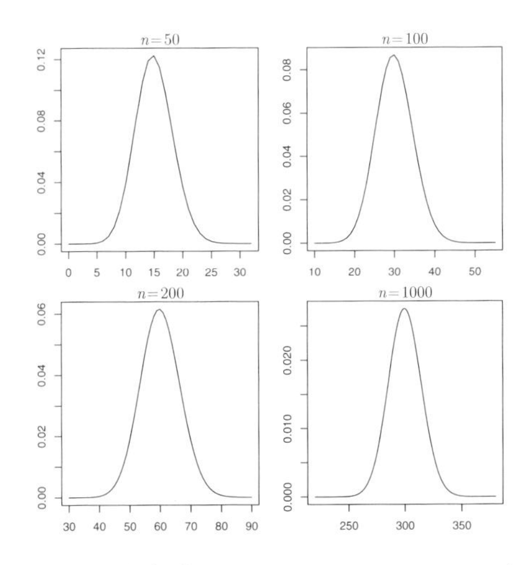

図3.5：二項分布（$p = 0.3,\ n = 50, 100, 200, 1000$）

と変換すると、$p \neq 0, 1$ で、n が十分大きいすべての二項分布のグラフは **図3.7** に重なります。もしかしたらこれは何か特別な分布かもしれません……。

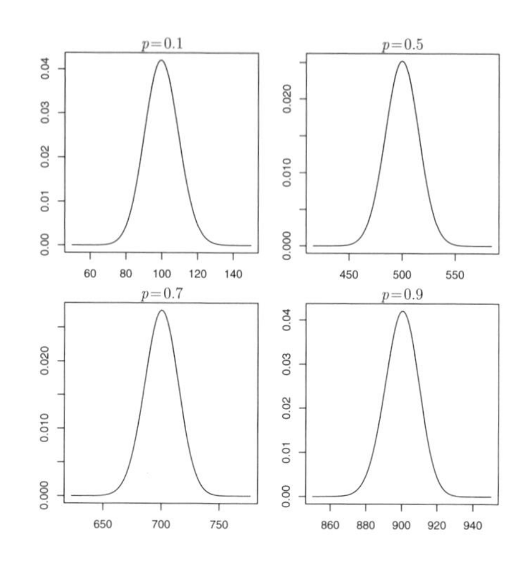

図3.6：二項分布（$n = 1000,\ p = 0.1, 0.5, 0.7, 0.9$）

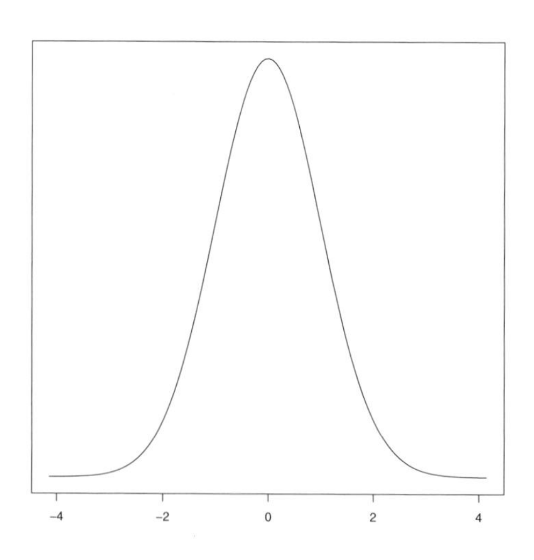

図3.7：標準化された二項分布

3.6 正規分布

数学者ド・モアブルは、$p \neq 0,1$ な二項分布を標準化したとき、n を大きくするほど式 (3.44) の確率密度関数 $f(x)$ で表現される連続確率に限りなく近づくことを発見しました[*20]。

$$f(x) = \frac{1}{\sqrt{2\pi}} \exp\left(-\frac{1}{2}x^2\right) \tag{3.44}$$

その後、数学者にして天文学者でもある、かのガウスは天体観測における誤差が持つべき性質から同じ分布 (3.44) を導き、また最小二乗法（線形回帰）との関係も明らかにします（第 6 章）。さらに、確率論を初めて体系づけたラプラスを始め、多くの研究者がド・モアブルの発見を洗練させていきます。その詳しい内容（中心極限定理）は次の 3.7 節に譲りますが、ざっくり言うと、二項分布だけではなくほぼあらゆる分布から (3.44) が出てくるというものです。

そうなると、これはよっぽど特別な分布に違いない、いやほぼすべての分布から出てくるということは、むしろもっとも典型的でもっとも普通（normal）な分布と言うべきだろう。ということから、(3.44) の連続確率分布は**正規分布**（normal distribution）と呼ばれるようになりました。また、ガウスによる最初期の重要な研究の数々に由来して**ガウス分布**とも呼ばれます。世界で最初に正規分布を定式化したのはド・モアブルでしたが、最初に考えた人と違う名前が定着してしまうのは科学ではよくあることですね……。

(3.44) は標準化した二項分布から得られた分布ですから、その平均は 0、分散は 1 です。この分布は特に標準正規分布とも呼ばれます[*21]。

3.4 節で説明した方法で、標準正規分布 (3.44) を変数変換することで、平均 μ、分散 σ^2 を持つ正規分布の一般形が得られます (3.45)。

$$f(x) = \frac{1}{\sqrt{2\pi}\sigma} \exp\left\{-\frac{1}{2}\left(\frac{x-\mu}{\sigma}\right)^2\right\} \tag{3.45}$$

逆に (3.45) を見ると、パラメータとして平均 μ と分散 σ^2 を与えることで正

---

*20 現在は (3.44) の連続分布に限りなく近づくという定式化がされていますが、当時はまだ連続確率の概念はなく、曲線として (3.44) に近づくという認識でした。

*21 式 (3.44) を平均と分散の定義に代入して、それぞれ 0 と 1 になることを計算で確かめることもできます。平均 $= 0$ は $xf(x)$ が奇関数であることから示せます。分散は部分積分によって正規化定数の積分 (3.50) に帰着できます。

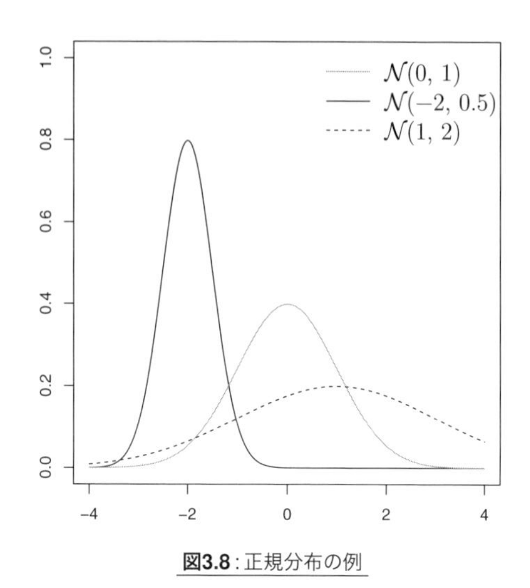

図3.8：正規分布の例

規分布を決められます。二項分布が $\mathrm{Binom}(n, p)$ という表記を持っていたように、正規分布も専用の表記をもちろん持っており、この 平均 μ、分散 σ^2 の正規分布 (3.45) は $\mathcal{N}(\mu, \sigma^2)$ と表します。$N(\mu, \sigma^2)$ でもよいのですが、正規分布を表現するときは必ずと言っていいほど、カリグラフィーと呼ばれる流れるような書体の $\mathcal{N}$ が使われます。

平均 μ と分散 σ^2 を取り替えたときの正規分布の確率密度関数をいくつかプロットしてみます（**図3.8**）。平均 μ は中心の位置を、分散 σ^2 は分布の山の広がりを表していることがわかります。

このなだらかな山のような曲線は「釣鐘型」（ベルカーブ）と呼ばれます。西洋の釣鐘は少し口の開いた、ちょうど **図3.8** のような形をしていますが、日本人の思い浮かべる釣鐘はお寺にある両側がストンと落ちた鐘でしょうから、この曲線を釣鐘型と呼ぶのは日本人にはピンとこないかもしれませんね。

正規分布の重要な特徴をもうひとつ確認しておきます。X が標準正規分布 $\mathcal{N}(0, 1)$、Y が $\mathcal{N}(\mu, \sigma^2)$ に従うとき、変数変換から (3.46) が成立します。これにより、一般の正規分布の確率は標準正規分布の確率で求められます。

$$P(a \leq Y \leq b) = P\left(\frac{a-\mu}{\sigma} \leq X \leq \frac{b-\mu}{\sigma}\right) \tag{3.46}$$

また標準正規分布の区間 $[a, b]$ での確率は、$a > 0,\ b > 0$ のときは (3.47)、

$a < 0 < b$ のときは (3.48) となり、また標準正規分布が 0 を中心に左右対象であることから (3.49)、どちらも $P(0 \leq X \leq x)$ の和や差で書けます。$a < 0$, $b < 0$ の場合も同様です。

$$P(a \leq X \leq b) = P(0 \leq X \leq b) - P(0 \leq X \leq a) \tag{3.47}$$

$$P(a \leq X \leq b) = P(a \leq X \leq 0) + P(0 \leq X \leq b) \tag{3.48}$$

$$P(a \leq X \leq 0) = P(0 \leq X \leq -a) \tag{3.49}$$

これらのことから、x の値に対して確率 $P(0 \leq X \leq x)$ の値の一覧を作っておけば、任意の正規分布の確率を求められます。そのような一覧表を「標準正規分布表」と言い、統計のハンドブックや数学の教科書にはほぼ必ず掲載されています。コンピュータが普及する前は、表を引くだけで確率を計算できるというのは極めて強力な利点でした。二項分布の確率質量関数 (3.43) をコンピュータを使わずに計算するところを想像してみてください。離散な分布のほうが簡単に思えるかもしれませんが、コンピュータを使えない時代は正規分布のほうがはるかに簡単であり、任意の分布を正規分布で近似する強い動機となっていました。

現在はコンピュータで簡単に計算できるので、標準正規分布表に実用性はほぼありませんが、代表的な値は今でも重要です。そのいくつかを見ておきましょう。

$$\begin{aligned} P(0 \leq X \leq 1) &= 0.3413 \\ P(0 \leq X \leq 1.96) &= 0.4750 \\ P(0 \leq X \leq 2) &= 0.4772 \\ P(0 \leq X \leq 3) &= 0.4987 \end{aligned}$$

$P(-a \leq X \leq a) = 2P(0 \leq X \leq a)$ より、これらの 2 倍の値は特によく使われます。$P(-1 \leq X \leq 1) = 0.683$ より、一般の正規分布では平均の前後 $\pm\sigma$ の範囲に約 7 割 (68%) のデータが収まります。例えばテストの点数が正規分布に従っているとし、その平均が 60 点、分散が 12^2 だったとすると、$60 - 12 = 48$ 点から $60 + 12 = 72$ 点の間に受験者の約 7 割がいる、とわかります。

同様に $\pm 2\sigma$ の範囲には約 95%、$\pm 3\sigma$ の範囲には約 99.7% です。この 95% は統計を使った多くの研究や応用で参考にされる重要な目安となっており、ほぼぴったり 95% が言いたいときは $\pm 1.96\sigma$ が使われます。

また 3.2 節では、確率密度関数を作る話をしました。適当な関数 $h(x)$ に対して、$f(x) = \frac{1}{Z}\exp(h(x))$ のように指数関数 exp で正の値を取るようにし、正規化定数 $Z = \int \exp(h(x))dx$ で割るという方法です。標準正規分布の確率密度関数は、$h(x) = -\frac{1}{2}x^2$ についてこの操作を行って作れます。そして $\sqrt{2\pi}$ は $\exp\left(-\frac{1}{2}x^2\right)$ を積分して得られる正規化定数です (3.50) *22。

$$Z = \int_{-\infty}^{\infty} \exp\left(-\frac{1}{2}x^2\right) dx = \sqrt{2\pi} \tag{3.50}$$

一般の正規分布 (3.45) も同様に exp の中身の $h(x) = -\frac{1}{2}\left(\frac{x-\mu}{\sigma}\right)^2$ から作れます。この 2 次式はその意味で正規分布の本体とも言えます。のちの最尤推定 (6.2 節) でも、正規分布からこの本体である 2 次式が出てきます。

3.7 中心極限定理

ここで、正規分布が二項分布の極限 (n が十分大きいときに近づく分布) だったことを思い出しましょう。そもそも、二項分布とは「コインを n 回投げたとき、表が出た回数 X」の分布でした。ここで確率変数 X_k を「k 回目に投げたコインが表なら $X_k = 1$、裏なら $X_k = 0$」とすると、$X_1 + X_2 + \cdots + X_n$ はちょうど「n 回投げて表が出た回数」に一致しますから、確率変数 X_k たちを足したら正規分布になった、と言い換えられます。

「確率変数を足すと特別な分布が出てくる」という性質は他の分布でも成り立つでしょうか。コイン投げの確率変数を足した分布なら二項分布で見られましたが、一般の確率変数ではその和の分布がわかりやすい形で書けるとは限らず、それを確かめるのは簡単ではありません。

例えば n 個のサイコロの目の和の分布を考えてみます。サイコロを 1 個、2 個であれば、その和の分布を出すのは易しいです。4 個くらいでも素朴な方法でなんとかなりますが、10 個とか 100 個とかになると工夫が必要になってきま

*22 (3.50) の積分は、2 変数に膨らませて極座標に変換して三角関数に落とし込むという少々パズル的な方法で計算します。

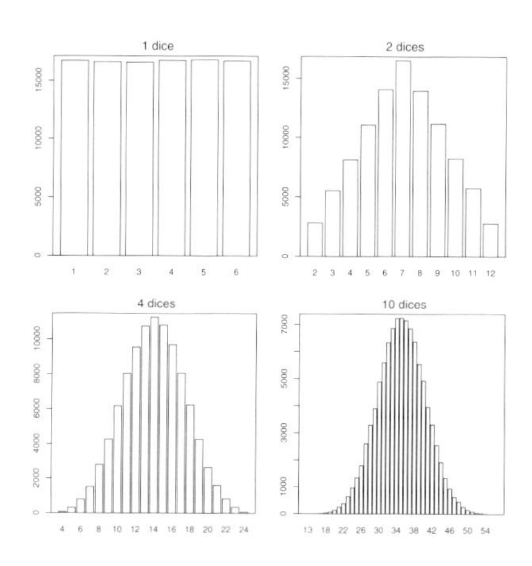

図3.9：サイコロの目の和の分布

す。$n-1$ 個のサイコロの目の和の分布から n 個のサイコロの目の和の確率を求める漸化式を立てて、あとはコンピュータに任せるのが正統な求め方になるでしょうが、少々面倒です[*23]。

しかし、その分布に従う乱数をコンピュータ上で生成できれば、もっと簡易に分布の様子を知る方法があります。サイコロの目のサンプルを一様乱数から生成、それを n 個ずつ足したものを多く用意し、それぞれの値が現れた回数(頻度や度数とも言います）を数えます。そうして事象とその頻度（またはサンプル全体の中での割合）を表にしたもの、あるいは棒グラフなどでプロットしたものを**ヒストグラム**（**度数分布**）と言います。割合のヒストグラムは、サンプル数が十分多ければもとの確率分布に近づくことから、確率分布を確認する代表的な方法のひとつとして知られています[*24]。

サイコロを1個、2個、4個、10個振った目の合計をコンピュータの乱数で100,000個生成し、その度数を数えてヒストグラムにしたものが**図3.9**です。

[*23] 複雑ですが一般項も求められます。Wolfram MathWorld の Dice の記事では、和が k となる組み合わせを、多項式を展開したときの係数として計算することで導いています。
`http://mathworld.wolfram.com/Dice.html`

[*24] 連続分布の場合は、サンプルの頻度をそのまま数えられませんので（ぴったり同じ値がもう一度出る確率は0です！)、全事象を適当な区間に分割して、その区間に含まれる頻度を数えます。区間が細かいほどヒストグラムがもとの連続分布に近づきますが、サンプル数が多く必要になります。また分布が高次元になると、やはりヒストグラムで分布を確認することは難しくなります。

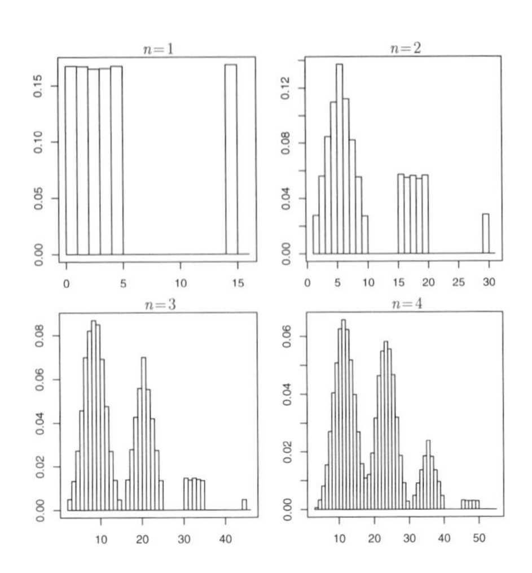

図3.10：偏ったサイコロの目の和の分布（1個、2個、3個、4個）

図3.9 を見ると、n が増えるほど見覚えのある釣鐘型に近づいています。おそらくこれは正規分布です。

いや、結論はまだ早いです。サイコロなんてお行儀のいい分布だから正規分布が出てきてしまうのかもしれません。単純なサイコロそのままではなく、「1、2、3、4、5、15」のように、1つの目だけ飛び抜けて大きくしたような偏ったサイコロならどうでしょう。

その偏ったサイコロ1個、2個、3個、4個で同じように目の和を100,000個生成してヒストグラムを描いてみます（**図3.10**）。すると、サイコロの個数を増やすほど山が増えていって、これは明らかに正規分布ではありません。

これを見る限り、やっぱり変な分布の和は変な分布になる、と言えそうです。

ところが、偏ったサイコロの個数をさらに増やしていくと、増えていくはずだった山が1つにまとまっていき、サイコロ30個にもなると正規分布の形が出てきてしまいました（**図3.11**）。

当初は正規分布が出てくるのは二項分布特有の現象だと思われていました。しかし実はここで確かめたような離散な確率分布だけではなく、連続分布も含めたほとんどどのような分布でも「確率変数を多く足すと正規分布になる」という性質を満たすことが示されています。この性質を**中心極限定理**と言います。

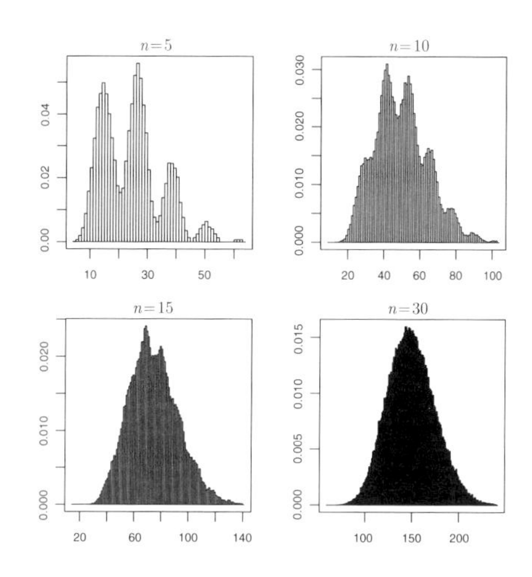

図3.11：偏ったサイコロの目の和の分布（5個、10個、15個、30個）

正規分布、中心極限定理の順で紹介しましたが、名前の由来は逆で、中心極限定理が先にあり、どの分布からも出てくるその特別な分布を正規分布と呼ぶようになりました。

中心極限定理はいくつもバリエーションがありますが、もっともよく使われる形は「平均と分散が有限値である確率分布について、n 個の独立な標本の和の分布は、n が大きくなるほど正規分布に近づく」です。ポピュラーな分布のほとんどや現実の現象をモデル化した分布は「平均と分散が有限値」という条件をほぼ必ずと言っていいほど満たすので、ほとんどの分布は中心極限定理を満たすと言えます[*25]。

正規分布とみなすために n をどれくらい大きく取る必要があるかは、先のサイコロの例を見てもわかるとおり、もとの分布に依存します。単純に言えば、もとの分布が正規分布に似ているほど n は小さくて済みます。特にもとの分布が正規分布なら、それを2個足したものも何個足したものもすべて正規分布

[*25] すべての分布が中心極限定理を満たすわけではありません。分散が有限値ではなく、中心極限定理を満たさない分布の例にコーシー分布や自由度が2以下の t 分布があります。また、さらっと「正規分布に近づく」と言っていますが、実は分布の極限（収束）にはさまざまな種類があります。そのさまざまな収束をちゃんと定義し、中心極限定理をそれらを使って定式化し、証明するために必要なものが測度論（p.82のコラム参照）です。

です。

中心極限定理によって得られる正規分布の平均と分散は、確率変数の和の平均 (3.51) と分散 (3.52) を考えることでわかります。

$$E(X_1 + \cdots + X_n) = E(X_1) + \cdots + E(X_n) \tag{3.51}$$

$$V(X_1 + \cdots + X_n) = V(X_1) + \cdots + V(X_n) \tag{3.52}$$

中心極限定理の条件に変数が独立であることを要求しているため、和の分散は分散の和に一致するところがポイントです。特に $X_1, \ldots, X_n$ が同じ分布 $P(X)$ に従う場合、その平均と分散は $nE(X), nV(X)$ です。

3.4 節で紹介した標本平均は標本の和を標本数で割ったものですから、中心極限定理から標本平均の分布は正規分布に近似できることが言えます。標本平均と母平均の違いについて調べる場合、標本平均が正規分布に従うことは強力な道具になります。標本数を n とするとき、上の考察から標本平均の平均と分散は $E(X), V(X)/n$ となります。これは標本数 n を増やすほど分散、つまり標本平均 $(X_1 + \cdots + X_n)/n$ のばらつきが小さくなり、母平均 $E(X)$ に近づいていくことを表しています。

また、テストの点数が (大雑把に) 正規分布に従うことも中心極限定理を使ってある程度説明できます。通常のテストはいくつかの小問からなり、各小問ごとの点数 X_k の合計 $X = X_1 + \cdots + X_n$ がそのテストの点数です。各 X_k たちは独立……と言いたいところですが、同じ分野の問題は一緒に正解／不正解しやすいことを考えると明らかに独立ではありません。しかし、今はシンプルに独立であると仮定します (モデル化！)。すると中心極限定理から X は正規分布に近似できます[*26]。

このように考えることで、すべての現象を正規分布で説明しようとすることが流行っていた時期もありました。前節で紹介した標準正規分布表を引くことで、正規分布なら確率を簡単に計算できることもそれを後押ししました。現在はコンピュータと統計の両方の発展を受けて「正規分布神話」も落ち着き、ちゃんと現象に合った分布を使うということが当たり前になってきています。しかし今後も正規分布はもっとも強力な分布として君臨しつづけるでしょう。

[*26] 正確には、ここで使っているのはバリエーションのひとつである、同分布でない場合の中心極限定理です。

3.8 多次元正規分布

正規分布は多次元に拡張可能です。

ここで多次元正規分布を定義する確率密度関数を天下りに与えるのが一番早道ですが、それではこの本らしくありません。ここはあえて、「2つの連続な確率変数 X, Y があって、もしも同時分布 $P(X,Y)$ が『2次元の正規分布』と呼ばれるものだったとしたら、それはどのような分布だろう」というところを出発点にしてみましょう。

中心極限定理により、ほとんどすべての分布から出てくるような、もっとも普通の分布が正規分布でした。その分布が正規分布に似ているほど、より簡単に正規分布が出てきます。であれば、『2次元の正規分布』であるはずの $P(X,Y)$ から派生するような分布はすべて正規分布であることが期待できます。

一番簡単なケースを考えるために、X と Y が独立 $P(X,Y) = P(X)P(Y)$ であると仮定しましょう。確率密度関数で表すと、

$$f_{X,Y}(x,y) = f_X(x)f_Y(y) \tag{3.53}$$

です。

ここで $P(X), P(Y)$ は「$P(X,Y)$ から出てくる1次元の連続分布」であり、先ほどの話からこれはきっと正規分布です。一番簡単なケースを考えるのでしたから、標準正規分布ということにしておきましょう。

$$f_X(x) = \frac{1}{\sqrt{2\pi}}\exp\left(-\frac{1}{2}x^2\right)$$
$$f_Y(y) = \frac{1}{\sqrt{2\pi}}\exp\left(-\frac{1}{2}y^2\right)$$

これらを (3.53) に代入すると、『2次元の正規分布』の確率密度関数 (3.54) が得られます。

$$\begin{aligned} f_{X,Y}(x,y) &= \frac{1}{\sqrt{2\pi}}\exp\left(-\frac{1}{2}x^2\right)\cdot\frac{1}{\sqrt{2\pi}}\exp\left(-\frac{1}{2}y^2\right) \\ &= \frac{1}{(\sqrt{2\pi})^2}\exp\left(-\frac{x^2+y^2}{2}\right) \end{aligned} \tag{3.54}$$

この確率密度関数 $f_{X,Y}(x,y)$ を2次元空間上でプロットすると、3次元の**図3.12**になります[*27]。

[*27] **図3.12** と **図3.12** は、同じ図が並んでいるように見えますが、実は見る角度を少しだけずらした

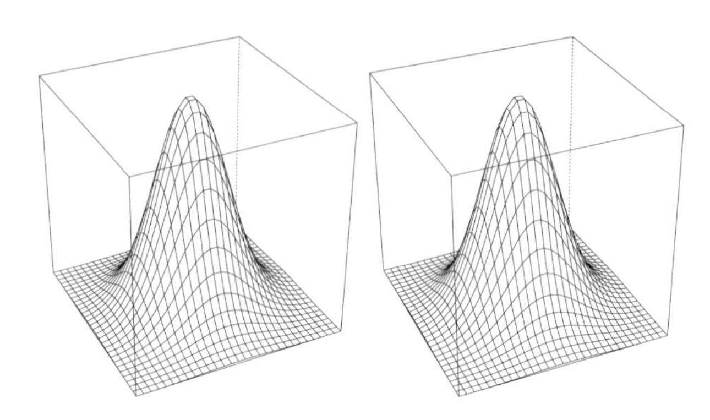

図3.12：2次元標準正規分布（平行法による立体視ができる）

「正規分布から出てくるのはすべて正規分布」とは少々根拠に乏しい仮定かもしれませんので、もうひとつ別のアプローチも考えてみましょう。正規分布が複数次元に拡張できるのであれば、中心極限定理も複数次元に拡張できてもいいはずです。つまり2次元の標本を足すと、きっと『2次元の正規分布』が出てきます。

再び2011年から2015年の天気データに登場してもらって、今度は平均気温と平均湿度の値を使います。横軸に気温、縦軸に湿度を取って散布図を描くと、どのような分布をしているかわかります（**図3.13**）。

散布図の濃い場所は分布の密度の高い気温・湿度の組を表しています。**図3.13**より、気温・湿度の分布は左下（冬の低温乾燥）と、右上（夏の高温多湿）の少なくとも2箇所に山（点の集中した部分）を持つことがわかります。これはおそらく『2次元の正規分布』ではないでしょう。形も『正規分布』と呼びたいほどきれいではありません。しかしこのようなよくわからない分布でも、そこから取った独立な標本の平均は『2次元の正規分布』にきっと近づくはずです。

そこでランダムに選んだ10日の気温と湿度を平均した値をそれぞれ X, Y とします。このような X, Y を100,000組生成し、そのヒストグラムを描くことで、分布 $P(X,Y)$ の形を推定します（**図3.14**）。

ものになっており、「平行法」で立体視できます。平行法とは、左の図を左目で、右の図を右目で見ることで立体を認識する方法です。簡易なやり方は、遠くを見て、目の状態を維持しながらその視線に図を割り込ませて、図が3つに見えるように中央の図に焦点を合わせます。少々コツと練習がいるため、誰でもできるわけではありません。立体に見えなかったらすいません……。

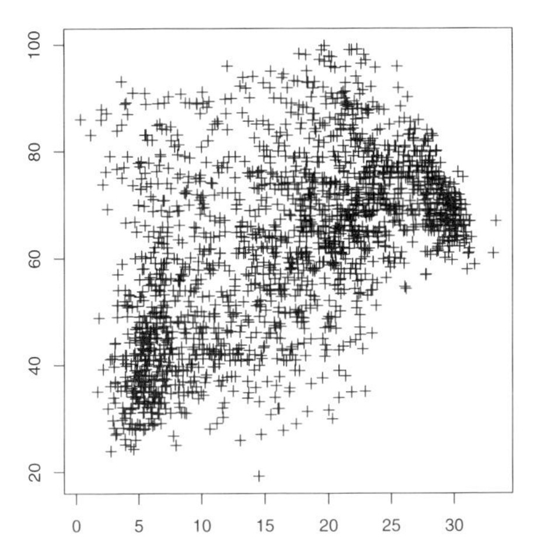

図3.13：気温（横）と湿度（縦）の散布図

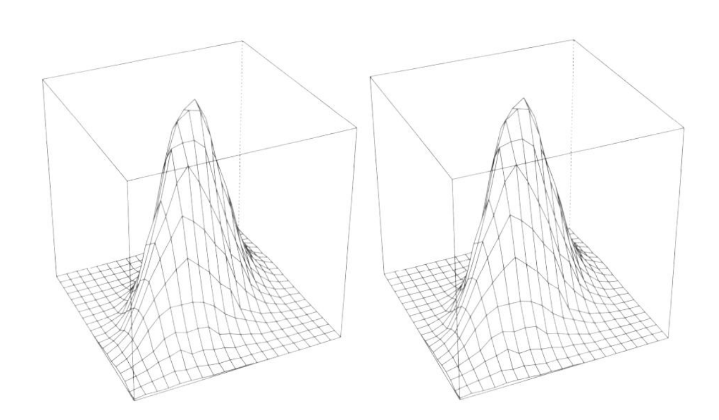

図3.14：気温と湿度の10日平均のヒストグラム（平行法）

図3.12 ほどなめらかではありませんが、似たような形の分布が出てきました。やはり『2 次元の正規分布』はこのような形をしていると考えて間違いなさそうです。

式 (3.54) から、2 次元の正規分布でも 1 次元の確率密度関数ととてもよく似たものが使われるだろうことがわかります。多次元の正規分布のパラメータも、1 次元のときの平均 μ と分散 σ^2 のようなパラメータの組で表現できると嬉し

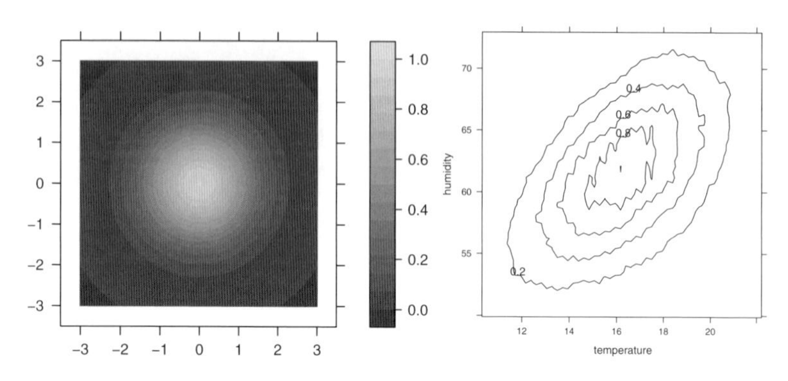

図3.15：標準正規分布（左）、気温・湿度の10日平均の分布（右）

いです。しかし (3.54) のもとの 1 次元の正規分布 $P(X)$, $P(Y)$ に平均と分散を導入するだけでは、X, Y が独立な場合しか表現できません。

図3.14 は斜めから見た図となっていて X と Y の関係についてはよくわからないため、2 次元の分布の図を他の形で表す方法がよく使われます。**図3.15** の左図は、(3.54) の分布の密度関数の値 $f_{X,Y}(x,y)$ の値の大きさを色の濃さで表したものです。また右図は、**図3.14** のヒストグラム（最大値が 1.0 になるようにスケールしてます）を等高線を描くことで表したものです*28。

図3.15 の右図より、気温 X ごとに湿度 Y の分布は異なっており（低温なら乾燥しやすく、高温なら多湿になりやすい)、X, Y はたしかに独立ではないことがわかります。したがって複数次元の正規分布は平均と分散以外に、成分の間の従属（非独立）の度合いを表すパラメータも必要になるはずです。

これ以上のことを自前で導出しようと思ったらさまざまな準備が必要になってきてしまうので、ここらで一般の D 次元の正規分布の確率密度関数を与えましょう。X を D 次元の正規分布に従う確率変数とします。その事象 $X = \boldsymbol{x}$ は D 次元のベクトル $\boldsymbol{x} \in \mathbb{R}^D$ です。確率分布 $P(X)$ を与える確率密度関数 $f_X(x)$ は式 (3.55) で記述できます*29 。

*28 こうしたプロットの工夫もせいぜい 2 次元の分布までしか通用せず、高次元になると手も足も出ません。だからこそ、2 次元までの分布でさまざまな図を見たり描いたりして、分布に対する直感的な理解を深めておくのが重要です。

*29 複数次元の正規分布の確率密度関数 (3.55) は、あらゆる意味で 1 次元の正規分布の拡張になっています。同じ次数のベクトル $\boldsymbol{x}$ と正方行列 $\boldsymbol{A}$ に対し、$\boldsymbol{x}^\top \boldsymbol{A}\boldsymbol{x}$ は 2 次式を高次元に一般化したもので 2 次形式と呼ばれます。$(\boldsymbol{x}-\boldsymbol{\mu})^\top \boldsymbol{\Sigma}^{-1}(\boldsymbol{x}-\boldsymbol{\mu})$ に登場する $\boldsymbol{\Sigma}^{-1}$ は、1 次元

$$f_X(\boldsymbol{x}) = \frac{1}{(2\pi)^{D/2} \mid \boldsymbol{\Sigma} \mid^{1/2}} \exp\left\{-\frac{1}{2}(\boldsymbol{x}-\boldsymbol{\mu})^\top \boldsymbol{\Sigma}^{-1}(\boldsymbol{x}-\boldsymbol{\mu})\right\} \tag{3.55}$$

ただし $\boldsymbol{\mu}$ と $\boldsymbol{\Sigma}$ は D 次元の正規分布 $\mathcal{N}(\boldsymbol{\mu}, \boldsymbol{\Sigma})$ を定めるパラメータです。D 次元のベクトル $\boldsymbol{\mu} \in \mathbb{R}^D$ は平均と呼ばれ、実際に分布の平均 $E(X)$ と一致します。$\boldsymbol{\Sigma}$ は D 次の対称行列であり、**共分散行列**と呼ばれます。

共分散行列 $\boldsymbol{\Sigma}$ は、分散 σ^2 を高次元に一般化したものに相当します。共分散行列の対角成分は、確率変数の各成分の分散になります。気温と湿度の例（**図3.14**）なら、$V(X)$ と $V(Y)$ が入ります。

共分散行列の対角以外の成分は、予告していたとおり「確率変数の成分間の従属の度合いを表すパラメータ」が入ります。D 次元の正規分布 $\mathcal{N}(\boldsymbol{\mu}, \boldsymbol{\Sigma})$ に従う確率変数 X の各成分を $X_1, \ldots, X_D$（これらも確率変数）と表すとき、実は $\boldsymbol{\Sigma}$ の (i, j) 成分は $E\left((X_i - E(X_i))(X_j - E(X_j))\right)$ に一致します[*30]。

気温と湿度の例なら、対角成分は $V(X)$ と $V(Y)$、$(1,2)$ 成分と $(2,1)$ 成分に $E\left((X - E(X))(Y - E(Y))\right) = \mathrm{Cov}(X, Y)$ が入った共分散行列 (3.56) となります。

$$\boldsymbol{\Sigma} = \begin{pmatrix} V(X) & \mathrm{Cov}(X,Y) \\ \mathrm{Cov}(X,Y) & V(Y) \end{pmatrix} \tag{3.56}$$

複数次元の正規分布はその周辺分布や条件付き分布もすべて正規分布になるなど、さまざまな強い性質を持っています。そのおかげで、計算が難しい高次元の問題でも正規分布なら解けるということがあります。またベイズの考え方と組み合わせたときにも良い性質がいくつかあって、第 6 章のベイズ線形回帰では、それらをうまく使って問題を解きます。

の正規分布で σ^2 で割り算していることに対応します。共分散行列は D^2 個の成分を持ちますが、対称性から動かせるパラメータの数は $D(D+1)/2$ 個になります。さらに分散 σ^2 が正の値しかとらないように、「正の値」を正方行列に拡張した「正定値」という性質を満たす対称行列 $\boldsymbol{\Sigma}$ と、任意の D 次ベクトル $\boldsymbol{\mu}$ を与えると、正規分布 $\mathcal{N}(\boldsymbol{\mu}, \boldsymbol{\Sigma})$ が 1 つ決まります。

*30 この計算は面倒ですが、難しくはありません。$E\left((X_i - E(X_i))(X_j - E(X_j))\right)$ を確率密度関数で展開すると、X_i を 1 つ、または X_j を 1 つ含む項は奇関数となって積分で消えます。残るのは「X_i と X_j の両方をちょうど 2 つずつ含む項」であり、それが $\boldsymbol{\Sigma}$ の (i, j) 成分です。

Column

確率に測度論は必要？

本コラムは少々難しめです。

本書では、連続確率を区間に限定しました。このような区間の和（より厳密には区間の無限和）で表される集合全体をボレル集合と言います。ボレル集合に限定するのがもっともシンプルな連続確率のモデルになります。

$P(X = A)$（$P(X \in A)$ とも表記します）は、起きることがらが事象の集合 A に含まれる確率です。この A として区間だけではなく任意の部分集合を考えてもよいようにも思えますが、それができない事情を説明するために、集合の「長さ」を導入します。集合 A に対し、その「長さ」を $m(A)$ で表します。A が区間 $A = [a, b]$ のときは、区間の長さ $m(A) = b - a$ に一致します。これを任意の集合に拡張したものが $m(A)$ です。

例えば区間 $[a, b]$ に対し、$a < c < b$ な c を使って区間を $[a, c]$ と $[c, b]$ の2個に分割したとき、それぞれの長さの和は分割前の区間の長さに一致するでしょう。

$$m([a, c]) + m([c, b]) = (c - a) + (b - c) = b - a = m([a, b])$$

ところが実は、任意の集合に拡張した「長さ」では、集合 A を2個の集合 B, C に分割（$B \cup C = A, B \cap C = \emptyset$）するとき、$m(B) + m(C) = m(A)$ とならずに $m(B) + m(C) > m(A)$ となるような分割を作れることがわかっています。

確率は確率密度関数の面積で表せました。面積は底辺の長さに高さを掛けることで得られます。長さを分割するともとの長さより長くなるなら、面積でもそうなるでしょう。すると、全事象を分割して足したら1を超える確率が作れてしまいます！ これは確率のモデルを考えるうえで極めて都合悪いです。

分割する B, C を区間に限定するとそのようなことが起きないとわかっています。そこで、確率を考える対象をボレル集合に限定するのが解決方法のひとつになります。

「分割しても長さが増えない集合」全体を考える、という解決方法もありそうです。そのような集合を可測集合と言います。次の疑問は「区間の和で表せない可測集合があるか？（可測集合全体はボレル集合全体より真に大きいか？）」ですが、これもそのような例を作れます。ただし、先ほどの「長さが増える分割」も実はそうなのですが、選択公理という少々扱いの難しい前提条件を使って作ります。選択公理を認めないと現代数学の大事な部分がいろいろ立ち行かなくなるくせに、認めてしまうととても変態的（誤解でも比喩でもなく）な例や定理をいろいろと示せてしまうという、本当にめんどくさいヤツです。そして「長さが増える分割」や「区間の和で表せない可測集合」は、まさにその「選択公理を認めることで初めて作れる変態的な例」の代表格だったりします。しかし、いくら変態的だったとしても、作れてしまう以上は数学では無視できません。

「確率を学ぶならまず測度論をやらないと意味がない」的なことを言われた人もいるかもしれません。ここに出てきた集合の「長さ」や面積を一般化・抽象化したものが測度、それらを含めてきちんと理論化したものがその測度論です。確率を使った定理は、測度論の言葉や道具を使うほうが厳密な定式化や証明がしやすいため、その言葉は一面ではたしかに正しいです。

しかし機械学習に「ボレル集合ではない可測集合」は絶対に登場しませんし、中心極限定理（3.7 節）の証明が必要になることもありません。「急がば回れ」をモットーに機械学習の理屈を解説する本でも、測度論は少々遠すぎる回り道です……。

とはいえ、測度論に興味がある人はぜひ勉強してみるといいでしょう。難しいけどおもしろいですよ。

第4章

線形回帰

本章では、機械学習の中でもっとも歴史のある「線形回帰」を紹介します。

線形回帰は機械学習のさまざまなエッセンスを学ぶのに最適なシンプルなモデルです。多くの応用や発展を持ち、実用面からも重要です。

4.1 最小二乗法

例題として、2つの変数間の関係を考えます。2つの変数は実数の組として観測されるものとします。「日別の気温と湿度」「身長と体重」のように、いかにも関係ありそうな組み合わせかもしれませんし、「国ごとの為替と犯罪発生率」「都市ごとの人口と降水量」のように関係の有無がわからない組み合わせかもしれません。

そうした2つの変数を x, y で表し、以下の4組の値が観測されたとします。

$$(x, y) = (4, 7), (8, 10), (13, 11), (17, 14) \tag{4.1}$$

このデータをプロットすると **図4.1** 左のようになります。**図4.1** 右のような直線を引いてみたくなるところです。

この直線はどうやって引きましょう。適当に定規を当ててさっと引けばいいなら、機械学習は不要です。しかし「なぜ線をここに引いたか」という理由を求められたり、この直線の数式が欲しいと言われたら困ります。

このような、データ点をうまく表現する直線を求める代表的な手法が**最小二**

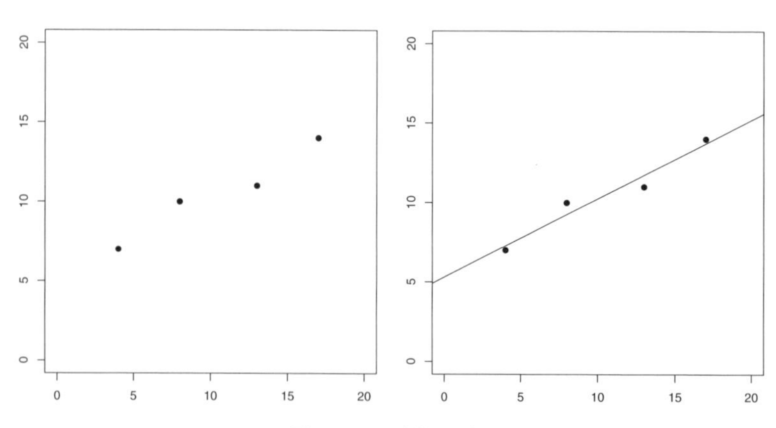

図4.1：2つの変数の関係

x	正解 y	予測 $ax+b$	誤差 $ax+b-y$
4	7	$4a+b$	$4a+b-7$
8	10	$8a+b$	$8a+b-10$
13	11	$13a+b$	$13a+b-11$
17	14	$17a+b$	$17a+b-14$

表4.1：予測 $y=ax+b$ とデータ（正解）の誤差

乗法です。

最小二乗法では、まず求めたい直線の式を $y=ax+b$ とします。この直線はデータ点 $(x,y)=(4,7)$ の近くを通るでしょう。つまり $x=4$ のときの直線上の点 $(4,4a+b)$ とデータ点 $(4,7)$ は近いはずです。これを $x=4$ のときの $y=4a+b$ と実際のデータの値（正解）$y=7$ との差 $4a+b-7$ が小さいはず、と読み替えます。

特に $y=ax+b$ を入力 x に対応する出力 y の予測を返す関数とみなし、予測と正解の差 $ax+b-y$ を**誤差**と呼びましょう。他の 3 点についても同様に考え、それらの予測と誤差をまとめると **表4.1** になります。

誤差が小さくなる（ゼロに近い）a,b を解とするのがよさそうです。しかしこの 4 つの誤差すべてを 0 にするような a,b はありませんから、全体的に小さくする方法を考える必要があります。

誤差を全体的にゼロに近づけるアプローチはいろいろ考えられますが、ここでは「誤差の 2 乗の総和を 0 に近づける」という方法を採用しましょう。背景については p.61 のコラム「2 乗の代わりに絶対値を使うと？」も参照してください。また p.135 のコラム「誤差が正規分布に従うとは？」や第 6 章「ベイズ線形回帰」も関連しています。

誤差の 2 乗の総和は (4.2) となります。誤差（error）の頭文字を取って E で表します。

$$E=(4a+b-7)^2+(8a+b-10)^2+(13a+b-11)^2+(17a+b-14)^2 \quad (4.2)$$

E は**二乗和誤差**と呼ばれます。また E をデータ数で割ったものを**平均二乗誤差**と言い、こちらもよく使われます。(4.2) は a,b の 2 次式なので、平方完成で最小値を求められます。平方完成とは、2 次式を $(1\text{ 次式})^2+\text{定数}$ の形に書きなおすことです。ここでは文字が a,b の 2 個ありますから、b について平方完成（このとき a は定数とみなす）したあと、a についてもう一度平方完成します。

$$
\begin{aligned}
E &= 538a^2 + 84ab + 4b^2 - 978a - 84b + 466 \\
&= \{4b^2 + 4(21a - 21)b + (21a - 21)^2\} + 97a^2 - 96a + 25 \\
&= (2b + 21a - 21)^2 + 97(a - 48/97)^2 + 121/97
\end{aligned}
$$

これが最小となるのは 2 乗の項がともに 0、つまり $2b + 21a - 21 = 0$, $a - 48/97 = 0$ のときです。これより $a = 48/97 \approx 0.49$、代入して $b = (-21a + 21)/2 = 1029/194 \approx 5.30$ とわかります。したがって二乗和誤差が最小になる直線の式は $y = 0.49x + 5.30$ と求まりました。これが最小二乗法の解です。もっと効率的な解き方もありますが、ここでは考え方を優先しています。

ここまで、自然な流れに従って「正解」を出したように感じるかもしれません。しかしこの短い話の中で大きな仮定を 4 つも使っています。

- **仮定 1**：関数の形が 1 次式
- **仮定 2**：二乗和誤差が最小＝良い答え
- **仮定 3**：誤差独立の仮定
- **仮定 4**：関数という関係

4.2 最小二乗法の 4 つの仮定

仮定 1：関数の形が 1 次式

先ほど「直線を引いてみたくなるところです」と言いながら直線の 1 次式を求めましたが、いつ答えは直線だと決まったのでしょう。曲線でもいいなら、例えば **図4.2** の破線や灰色の線の表す曲線はどうでしょう。

破線も灰色のグネグネ曲線もすべてのデータ点を通っています。誤差が小さいほど良いなら、どちらも直線より良い解のはずです。

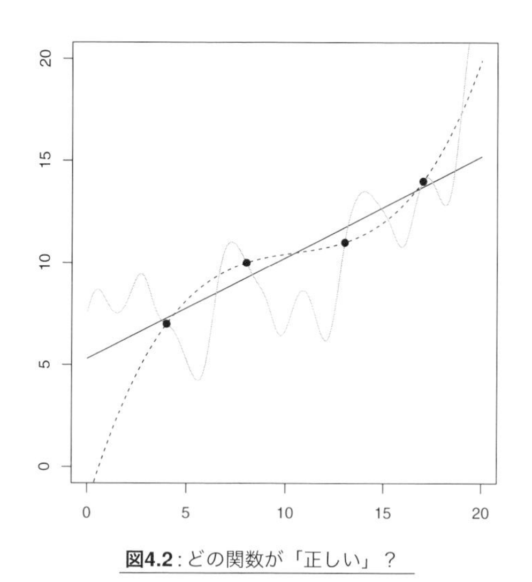

図4.2：どの関数が「正しい」？

仮定 2：二乗和誤差が最小＝良い答え

最小二乗法はその名前のとおり、二乗和誤差を最小にするパラメータを求める手法ですが、誤差を全体的にゼロに近づけるのが目的なら、2 乗ではなく絶対値を使うこともできるはずです。

そもそも「線が点の近くを通る」というとき、同じ x での値を比べた誤差 $ax+b-y$ を小さくするより、点から線への距離（垂線の長さ）を小さくするほうが図形的には自然でしょう。

このように、データ点を表現する直線の「良さ」を測るための基準は数多く考えられる中で、二乗和誤差を採用するのは立派な仮定に他なりません。

仮定 3：誤差独立の仮定

例えば「食べ物の重量 x とカロリー y」という 2 変数の間の関係を分析することを考えます。この x と y は大まかには比例しているでしょうから、直線の関係があることは仮定してよさそうです。

同じ重さでも素材によってカロリーが異なる分は誤差となって表れます。も

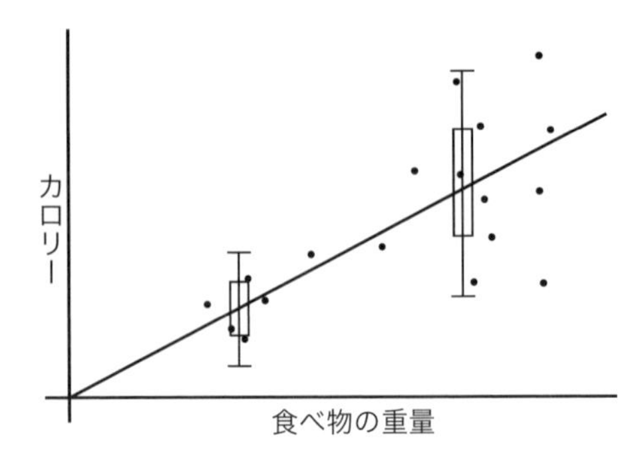

図4.3：重量が大きいほどカロリーの散らばりが大きい（箱ひげは散らばりを表す）

ちろん、10 g の食べ物より 200 g の食べ物のほうがその誤差は大きいでしょう（**図4.3**）。このように誤差と変数に関係がある場合、最小二乗法は正しい直線を推定できません。$x = 10\,\mathrm{g}$ のときの誤差（カロリー差）と、$x = 200\,\mathrm{g}$ のときの誤差を同じように小さくしようとしてしまうためです。

最小二乗法は、誤差の散らばり具合が変数に関係ない、つまり誤差と変数が独立である仮定も必要としているのですね。

仮定 4：関数という関係

一般に機械学習ではデータが多いほど性能も良くなります。ここまで 4 点しかデータがありませんでしたが、その後幸運にも追加で 100 個のデータ点が得られました。さっそく追加された点もあわせてプロットしてみましょう（**図4.4**）。最初の 4 点は×印で区別しておきます。

×で表される最初の 4 点だけ見ると、横軸 x と縦軸 y には直線の関係があるような気がしていましたが、追加データはまったくそうは見えません。つまり仮定 1 の直線うんぬん以前に、x に対して y が決まるような関数の関係がある、という仮定が間違っていました。この問題は例えばクラスタリング（p.178 のコラム）などのモデルで解くべきでしょう。

実のところ、「本格的にデータを集めたら、当初考えていたのとは違う問題っぽい」ということは、統計や機械学習では特に珍しい話ではありません。そのモデルを使うときに何を仮定しているのか、ということは常に意識しておく必

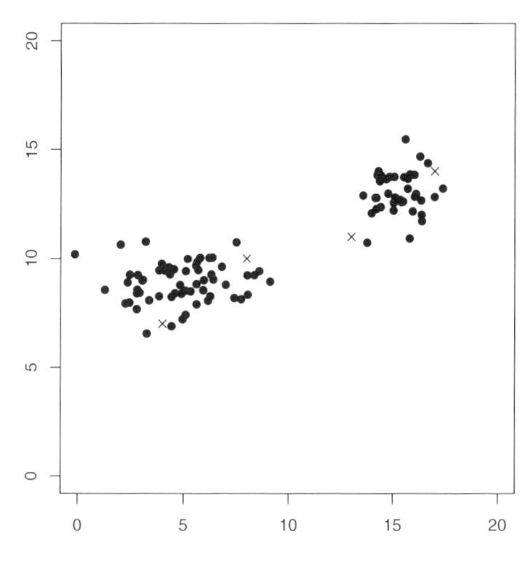

図4.4：2変数の関係は直線？ 曲線？ それ以外？

要があるでしょう。

4.3 線形回帰

4.2節で見た最小二乗法の4つの仮定は、いずれも強い仮定です。どれか1つの仮定に反すれば、最小二乗法で望ましい解を得られる見込みは低くなります。一方、仮定を弱められれば、解くことのできる問題が増えます。機械学習に限らず、仮定を弱めたり減らしたりして適用できる問題を増やすことを「拡張」と言い、既存の手法やモデルを拡張することで多くの手法が作られています。

そこで、4つの仮定のどれかを弱めることで最小二乗法を拡張する方法を考えてみましょう。ただし、一般に仮定を弱めるほど解く難易度は上がり、またどの仮定をどう弱めるかで解けるようになる問題も変わりますので、うまく弱める必要があります。

仮定4、つまり「変数間の関係を関数で表す」問題は**回帰**と呼ばれます。この仮定を変えてしまうと問題の種類から変わってしまいますから、仮定4は温存しましょう。

仮定3「誤差独立」はとても強い仮定です。これを弱められれば、たしかに解ける問題は増えますが、難易度が劇的に上がってしまいます。よって、仮定3もそのまま残します。

仮定2「二乗和誤差」は置き換えやすい仮定です。例えばこれを絶対値にするだけでも、最小二乗法とは異なるモデルが得られます。しかし仮定が弱くなったわけではなく、別の仮定になっただけなので、最小二乗法と異なる解は得られますが、解ける問題は増えません。

仮定1「関数の形が1次式（直線）」を「直線以外もOK」に弱められれば、明らかに解ける問題が増えそうです。これから紹介する**線形回帰**は、問題を解く難易度は最小二乗法とほぼ変わらないまま、直線以外の解を得られるように拡張したとても優秀なモデルです。

一般に回帰問題が求めるのは関数ですから、入力（引数）x と出力（値）y があります。この入力の変数 x を**説明変数**あるいは**独立変数**、出力の変数 y を**目的変数**あるいは**従属変数**などと呼びます。それぞれに由来がある名前ですが、確率の独立性とまぎれがないように、本書では「説明変数／目的変数」と呼ぶことにします。

今、説明変数と目的変数の n 個の値の組 $(x, y) = (x_1, y_1), \ldots, (x_n, y_n)$ が与えられているとします。これら $(x_1, y_1), \ldots, (x_n, y_n)$ に「うまく当てはまる適当な関数 $y = f(x)$」を見つけることが回帰問題の目的です。

「適当な関数」とは「なんでもいい」ということでしょうか。**図4.2**のグネグネ関数を見れば、むしろ「適当な制限」をする必要がありそうです。

回帰モデルは線形回帰以外にもいろいろな種類がありますが、その違いは「適当な制限」をどのように行うかで決まります。線形回帰モデルでは、次のような制限を入れます。

まず、M 個の関数 $\phi_1(x), \ldots, \phi_M(x)$ を用意します。$\phi_m(x)$ が何かはあとで気にすることにして、ここでは適当に固定された M 個の関数があるとします。ちなみに ϕ（ファイ）は特徴（feature）のfに対応するギリシャ文字です。

そして求めたい関数 $y = f(x)$ は $\phi_m(x)$ に適当な数 w_m をかけた和 (4.3) で表せると仮定します。

$$f(x) = w_1\phi_1(x) + w_2\phi_2(x) + \cdots + w_M\phi_M(x) \tag{4.3}$$

ここで $w_1, \ldots, w_M$ はそれぞれ $\phi_1(x), \ldots, \phi_M(x)$ の重み (weight) です。最小二乗法の仮定1「求めたい関数は直線（1次式）」の代わりに、「求めたい関数

は式 (4.3) の形をしている」と仮定するのが**線形回帰**です。$\phi_1(x), \ldots, \phi_M(x)$ はその線形回帰モデルの**基底関数**と呼びます。

線形回帰を解くとは、重み w_m たちを自由に動かし、その中で一番データに当てはまる $y = f(x) = w_1\phi_1(x) + w_2\phi_2(x) + \cdots + w_M\phi_M(x)$ を見つけることです。$f(x)$ は $\boldsymbol{w} = (w_1 \ \cdots \ w_M)^\top$ の選び方で決まる関数なので、それを明示するために $f_{\boldsymbol{w}}(x)$ と書くこともあります。

このとき $\phi_m(x)$ に直線以外の関数を使うと、直線以外の $f(x)$ を表現できます。線形回帰の「線形」はモデルの式 (4.3) が線形結合の形をしていることを表しており、$\phi_m(x)$ や $f(x)$ が線形（1 次式）に限るわけではありません。

なお、(4.3) に自明な定数項はありませんが、基底関数のひとつに定数関数 $\phi_1(x) = 1$ を考えることで定数項を含んだモデルも表現できます。この場合 w_1 が定数項に相当します*1。

線形回帰を解くとは w_m たちを決めるだけで、$\phi_m(x)$ たちは最初に選んだものから変わらないのなら、その基底関数の選び方で解はほとんど決まってしまうのではないか、と思うでしょう。線形回帰の解き方を説明する前に、そのことを確認しておきましょう。

最小二乗法の仮定を説明するときに使った、3 種類のグラフ（実線、破線、灰色のグネグネ線）の **図4.2**（p.89）がありましたね。実はあの 3 つのグラフはすべて同じデータ (4.1) に対する線形回帰の解です。ただし、それぞれ異なる基底関数の選び方に対応していました。

図4.2 の実線は、基底関数として $\phi_1(x) = 1, \phi_2(x) = x$ の $M = 2$ 個を選んだ場合の解です。このとき $f(x) = w_1 + w_2 x$ の w_1, w_2 を決める問題となります。つまり最小二乗法ですね。

図4.2 の破線は基底関数として

$$\phi_1(x) = 1, \quad \phi_2(x) = x, \quad \phi_3(x) = x^2, \quad \phi_4(x) = x^3$$

を選んだ場合の解です。このとき $f(x) = w_1 + w_2 x + w_3 x^2 + w_4 x^3$ となり、データ点を通る 3 次関数を見つける問題になります。

そして **図4.2** の灰色のグネグネ関数は、基底関数に

$$\phi_1(x) = 1, \ \phi_2(x) = x^4, \ \phi_3(x) = \sin x, \ \phi_4(x) = \sin x^{1.2}, \ \phi_5(x) = \sin(\sin x)^3$$

*1 多くの実装では効率を考えて定数項を別に用意します。

を選んだ線形回帰の解です。もちろん、こんなムチャクチャな基底関数をまじめに選んだわけはなく、いい感じにグネグネになるように作りました[*2]。

このとおり、基底関数の選び方によって同じデータ点でも線形回帰の解はまったく異なります。さらに、基底関数に理論的な制約はほとんどなく、いかにもダメそうなグネグネ基底であっても、これを完全に否定できる理論はありません[*3]。

基底関数の問題を解決するアプローチとしては、「うまく選ぶ」と「適当に選んでもうまく解ける」の2種類があります。前者は第9章「モデル選択」で、後者は4.6節の「正則化」で解説します。

それまで「基底関数はなんでもいい」のままでは困りますよね。ここでは「よく使う基底関数のパターン」の中でも代表的な多項式基底とガウス基底を紹介します。

- **多項式基底**：$\phi_1(x) = 1,\ \phi_2(x) = x,\ \phi_3(x) = x^2,\ \ldots,\ \phi_M(x) = x^{M-1}$
- **ガウス基底**：$\phi_m(x) = \exp\left\{-\dfrac{(x-\mu_m)^2}{2s^2}\right\} \quad (m = 1, \ldots, M)$

多項式基底は「多項式で表される関数」を求めるための基底関数です。何次までの項が必要を決めればすぐに使えます。x と y の間に2次の関係があることがわかっている、など、説明変数と目的変数の関係に当たりがついている場合に使われます。

ガウス基底は正規分布の確率密度関数とそっくりな式で与えられます。**ガウスRBF基底**とも呼ばれます[*4]。ガウス基底を使うと、観測された点の近くはわかるが、遠くはわからない、という考え方のモデルになります。パラメータ μ_m, s の意味も含めて、のちほど4.8節で解説します。

---

*2 データ点より基底関数のほうが多いため、弱い正則化（4.6節参照）を行っています。

*3 基底関数 $\{\phi_m(x)\}$ に自明に要求される条件は、定義域の任意の点 x に対し、少なくとも1つの基底関数で $\phi_m(x) \neq 0$ を満たすことです。すべての基底関数で $\phi_m(x) = 0$ となる点 x では、w_m によらず $f(x) = 0$ となってしまいます。

*4 RBFはRadial Basis Functionの略です。x と中心 μ_m の距離だけで値が決まる関数という意味です。

Column

戻らないけど「回帰」

データに合う関数を求めることをなぜ「回帰」と呼ぶのでしょう。何かが戻るようには見えません。

「回帰」の名前は、もともと「平均回帰」という現象を説明する手法として初めに導入されました。例えばある人間の集団の身長を調べ、その中でも背が高かった人たちをグループとして抽出します。そのグループの人の身長の平均は、全体の平均身長より当然高いでしょう。ところが、そのグループの人の子供たちの身長を調べると、その平均は全体の平均より高くはあるものの、より平均に近い値になります。このことから、人間にはそういう平均に戻っていく「平均への回帰」と呼ぶべき性質がある、と唱えたのが始まりです。他にもテストで高い点数をとった人を集めたグループを作り、そのグループの次回のテストの点数を調べると、前回より全体の平均に近い点数となるなど、「平均への回帰」は多くの場合に確認されます。

しかしその後、同様の現象は人間、あるいは生き物だけではなく、あらゆる対象について発見されていきます。実は特定の対象の性質ではなく統計的に必ず起こる現象だったのです。

その平均回帰という現象を説明するために作られたモデルのひとつが応用を繰り返すうちに「データに合う関数を求める」という形に抽象化されましたが、「回帰」という名前だけは残りました。現状に即していない名前を嫌って、「関数フィッティング」と呼ばれることもあります。

4.4 線形回帰の解き方

この節では線形回帰を機械的に解く手順（アルゴリズム）を導出します。

基底関数は同様に $\phi_1(x),\ldots,\phi_M(x)$、その重みは $w_1,w_2,\ldots,w_M$ で表し、回帰で求めたい関数を $f(x)$ とします。なお、線形回帰の解き方は基底関数の選び方に依存しません。

$$f(x) = \boldsymbol{w}^\top \boldsymbol{\phi}(x) = \sum_{m=1}^{M} w_m \phi_m(x)$$

ここで $\boldsymbol{w}$ は w_m を並べたベクトル、$\boldsymbol{\phi}(x)$ は $\phi_m(x)$ のベクトルです。

$$\boldsymbol{w} = \begin{pmatrix} w_1 \\ w_2 \\ \vdots \\ w_M \end{pmatrix}, \quad \boldsymbol{\phi}(x) = \begin{pmatrix} \phi_1(x) \\ \phi_2(x) \\ \vdots \\ \phi_M(x) \end{pmatrix}$$

なお、本書のベクトルは上に示したとおり、要素を縦に並べた縦ベクトルで考えます。文中でベクトルを具体的に表記するときは、紙面の都合で $\boldsymbol{w} = (w_1\ w_2\ \cdots\ w_M)^\top$ のように縦ベクトルを転置して表現します。付録の「本書で用いる数学」も参照してください。

先ほどまでは観測される値も予測される値も y で表していましたが、これからは観測された値は目的変数（target）の t、予測される値は $y = f(x)$ と区別しましょう。

観測されたデータ点 $(x_n, t_n)\quad (n = 1, \ldots, N)$ に対し、モデルの予測 $y_n = f(x_n)$ と実際の値 t_n との二乗誤差 $(y_n - t_n)^2$ の総和は $\boldsymbol{w}$ に依存しますから、これを $E(\boldsymbol{w})$ と書きます (4.4)。

$$E(\boldsymbol{w}) = \frac{1}{2} \sum_{n=1}^{N} (y_n - t_n)^2 \tag{4.4}$$

ただし一般的な記法にあわせて、二乗和の 1/2 を $E(\boldsymbol{w})$ とします。背後の理論的な話もありますが、このあとすぐに出てくるとおり、実は線形回帰も含めた機械学習全般では、誤差関数そのものよりその微分の方に興味があります。そこで微分したときに扱いやすいように 1/2 がついています。

最小二乗法と同様に、線形回帰でもこの誤差関数 (4.4) を最小とする w_m たちが求めたい解です。最小二乗法の説明では平方完成することでこれを解きました。ただしパラメータが 2 個ならともかく、10 個や 100 個のパラメータからなる 2 次式を平方完成するのは大変です。

ここで y_n は w_m の 1 次式、したがって $E(\boldsymbol{w})$ は w_m の 2 次式であることに注目します。一般に関数[*5]の最小点では傾きが 0 になります。特に二乗和に

*5 厳密には、連続微分可能な関数。

よって作られる $E(\boldsymbol{w})$ は、最小点以外に傾きが 0 になる点をもたないことを導けます[*6]。よって、誤差関数 (4.4) の微分が 0 になる点を求めれば、それが最小点であることがわかります。

$E(\boldsymbol{w})$ を w_m で微分したものが式 (4.5) です。w_m で微分しているときは、他の $w_1, w_2, \ldots, w_{m-1}, w_{m+1}, \ldots, w_M$ は定数として扱います。このような微分を**偏微分**と言い、記号 $\frac{\partial E(\boldsymbol{w})}{\partial w_m}$ で表します。

$$\begin{aligned} \frac{\partial E(\boldsymbol{w})}{\partial w_m} &= \sum_{n=1}^{N} (y_n - t_n) \frac{\partial y_n}{\partial w_m} \\ &= \sum_{n=1}^{N} (y_n - t_n)\, \phi_m(x_n) \end{aligned} \tag{4.5}$$

$\phi_m(x_n)$ は関数ではなく x_n という観測値を代入した定数です。よく使いますので、これ以降 $\phi_m(x_n) = \phi_{nm}$ と表します。また、ϕ_{nm} の作る行列を $\boldsymbol{\Phi}$ としておきます (4.6)。

$$\boldsymbol{\Phi} = \begin{pmatrix} \phi_{11} & \phi_{12} & \cdots & \phi_{1M} \\ \phi_{21} & \phi_{22} & \cdots & \phi_{2M} \\ \vdots & \vdots & \ddots & \vdots \\ \phi_{N1} & \phi_{N2} & \cdots & \phi_{NM} \end{pmatrix} \tag{4.6}$$

偏微分はその軸方向の傾きです。それをすべての軸方向について並べたベクトル $\left(\frac{\partial E(\boldsymbol{w})}{\partial w_1}\ \frac{\partial E(\boldsymbol{w})}{\partial w_2}\ \cdots\ \frac{\partial E(\boldsymbol{w})}{\partial w_M}\right)^\top$ は、傾きを多次元化したものと考えられます。これを**勾配**と呼びます。機械学習では勾配をさまざまな形で利用します。8.1 節の「勾配法」で改めて登場します。

先ほどの話から 勾配 $= 0$ となる $\boldsymbol{w} = (w_m)$ はただひとつあって、それが求める最小点です。これは $w_1, \ldots, w_M$ に関する M 元 1 次連立方程式ですので、たしかに解はただひとつあるはずです[*7]。

$$\frac{\partial E(\boldsymbol{w})}{\partial w_m} = \sum_{n=1}^{N} \left(\sum_{j=1}^{M} w_j \phi_{nj} - t_n \right) \phi_{nm} = 0 \tag{4.7}$$

---

*6 本書では証明しませんが、$E(\boldsymbol{w})$ が正定値性（1 変数の 2 次式の 2 次の係数が正であることを多変数に拡張したもの）を持つことから示せます。p.80 の脚注 29 も参照してください。

*7 逆行列が存在しない場合は、連立方程式の解は無数にあります。その場合の話は 4.5 節「過学習と不良設定問題」で解説します。

あとは方程式 (4.7) を解くだけですが、行列に書きなおすと（コンピュータなら）簡単に計算できるようになります。ここでは式 (4.7) を展開し、行列積の形 $c_{ij} = \sum_k a_{ik} b_{kj}$ が現れるように書きなおすことで、最終的に (4.8) が得られます。

$$\sum_{n=1}^{N} \sum_{j=1}^{M} w_j \phi_{nj} \phi_{nm} - \sum_{n=1}^{N} t_n \phi_{nm} = 0$$

$$\sum_{j=1}^{M} \left(\sum_{n=1}^{N} \left(\boldsymbol{\Phi}^\top \right)_{mn} \phi_{nj} \right) w_j = \sum_{n=1}^{N} \left(\boldsymbol{\Phi}^\top \right)_{mn} t_n$$

$$\left(\boldsymbol{\Phi}^\top \boldsymbol{\Phi} \right) \boldsymbol{w} = \boldsymbol{\Phi}^\top \boldsymbol{t} \tag{4.8}$$

(4.8) の左から $\left(\boldsymbol{\Phi}^\top \boldsymbol{\Phi} \right)^{-1}$ を掛けることで $E(\boldsymbol{w})$ を最小化する $\boldsymbol{w}$ が求まります (4.9)。

$$\boldsymbol{w} = \left(\boldsymbol{\Phi}^\top \boldsymbol{\Phi} \right)^{-1} \boldsymbol{\Phi}^\top \boldsymbol{t} \tag{4.9}$$

4.5 過学習と不良設定問題

4.4 節のアルゴリズムを使って線形回帰の問題をいくつか解いてみましょう。まず、4.1 節の最小二乗法で使ったデータです。

$$(x, t) = (4, 7),\ (8, 10),\ (13, 11),\ (17, 14)$$

線形回帰の基底関数として $\phi_1(x) = 1, \phi_2(x) = x$ を使うと、最小二乗法と同等となります。

$$f(x) = w_1 + w_2 x$$

$$\boldsymbol{\Phi} = \begin{pmatrix} \phi_{11} & \phi_{12} \\ \phi_{21} & \phi_{22} \\ \phi_{31} & \phi_{32} \\ \phi_{41} & \phi_{42} \end{pmatrix} = \begin{pmatrix} 1 & 4 \\ 1 & 8 \\ 1 & 13 \\ 1 & 17 \end{pmatrix}, \quad \boldsymbol{t} = \begin{pmatrix} t_1 \\ t_2 \\ t_3 \\ t_4 \end{pmatrix} = \begin{pmatrix} 7 \\ 10 \\ 11 \\ 14 \end{pmatrix}$$

$$\begin{pmatrix} w_1 \\ w_2 \end{pmatrix} = (\boldsymbol{\Phi}^\top \boldsymbol{\Phi})^{-1} \boldsymbol{\Phi}^\top \boldsymbol{t} = \begin{pmatrix} 5.30 \\ 0.49 \end{pmatrix}$$

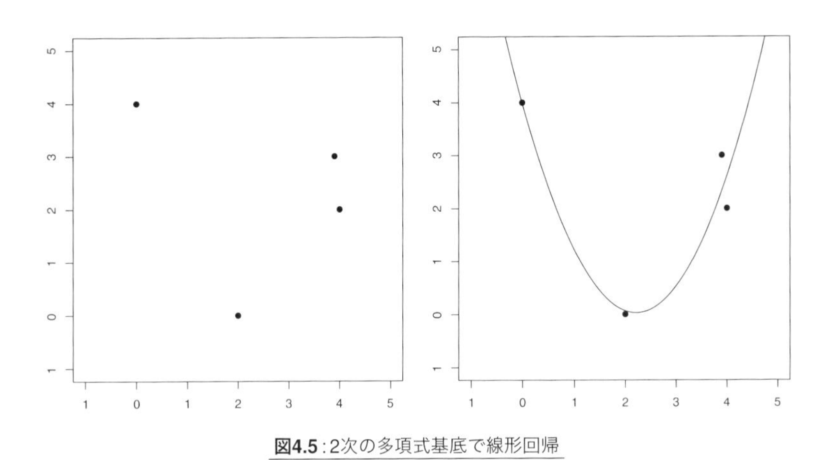

図4.5：2次の多項式基底で線形回帰

これより線形回帰の解も最小二乗法と同じ $f(x) = 0.49x + 5.30$ となります。

次は直線に当てはまらないデータ (4.10) で、線形回帰を試します (**図4.5** 左)。

$$(x, t) = (0.0, 4.0),\ (2.0, 0.0),\ (3.9, 3.0),\ (4.0, 2.0) \tag{4.10}$$

基底関数には $\phi_1(x) = 1,\ \phi_2(x) = x,\ \phi_3(x) = x^2$ の 3 個の基底（2 次の多項式基底）を使いましょう。

$$f(x) = w_1 + w_2 x + w_3 x^2$$

$$\boldsymbol{\Phi} = \begin{pmatrix} \phi_{11} & \phi_{12} & \phi_{13} \\ \phi_{21} & \phi_{22} & \phi_{23} \\ \phi_{31} & \phi_{32} & \phi_{33} \\ \phi_{41} & \phi_{42} & \phi_{43} \end{pmatrix} = \begin{pmatrix} 1 & 0 & 0 \\ 1 & 2 & 2^2 \\ 1 & 3.9 & 3.9^2 \\ 1 & 4 & 4^2 \end{pmatrix}, \quad \boldsymbol{t} = \begin{pmatrix} t_1 \\ t_2 \\ t_3 \\ t_4 \end{pmatrix} = \begin{pmatrix} 4 \\ 0 \\ 3 \\ 2 \end{pmatrix}$$

$$\begin{pmatrix} w_1 \\ w_2 \\ w_3 \end{pmatrix} = (\boldsymbol{\Phi}^\top \boldsymbol{\Phi})^{-1} \boldsymbol{\Phi}^\top \boldsymbol{t} = \begin{pmatrix} 3.98 \\ -3.58 \\ 0.81 \end{pmatrix}$$

これより $f(x) = 3.98 - 3.58x + 0.81x^2$ と求まりました（**図4.5** 右）。

続けて、同じ問題を 3 次の多項式基底で解いてみましょう。

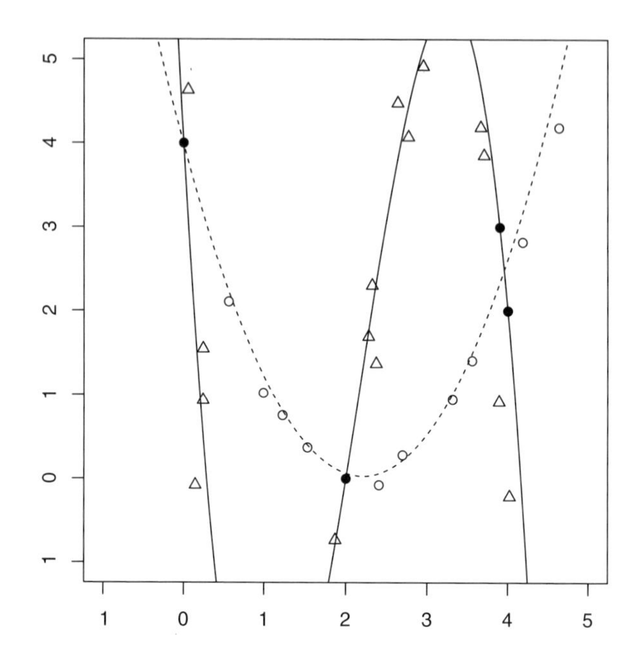

図4.6：3次多項式基底による線形回帰（○と△はそれぞれ期待しているデータの違いを表す）

$$\phi_1(x) = 1, \quad \phi_2(x) = x, \quad \phi_3(x) = x^2, \quad \phi_4(x) = x^3$$

$$\mathbf{\Phi} = \begin{pmatrix} \phi_{11} & \phi_{12} & \phi_{13} & \phi_{14} \\ \phi_{21} & \phi_{22} & \phi_{23} & \phi_{24} \\ \phi_{31} & \phi_{32} & \phi_{33} & \phi_{34} \\ \phi_{41} & \phi_{42} & \phi_{43} & \phi_{44} \end{pmatrix} = \begin{pmatrix} 1 & 0 & 0 & 0 \\ 1 & 2 & 2^2 & 2^3 \\ 1 & 3.9 & 3.9^2 & 3.9^3 \\ 1 & 4 & 4^2 & 4^3 \end{pmatrix}$$

$$\begin{pmatrix} w_1 \\ w_2 \\ w_3 \\ w_4 \end{pmatrix} = (\mathbf{\Phi}^\top \mathbf{\Phi})^{-1} \mathbf{\Phi}^\top \boldsymbol{t} = \begin{pmatrix} 4.00 \\ -16.91 \\ 10.81 \\ -1.68 \end{pmatrix}$$

$f(x) = w_1 + w_2 x + w_3 x^2 + w_4 x^3$ に代入して解 $f(x) = 4.00 - 16.91x + 10.81x^2 - 1.68x^3$ が得られます。グラフを描いてみると（**図4.6**、実線）、2次多項式基底の解（破線）とはまったく異なっていることがわかります。

データに近いかどうかだけで判断すれば、2次の解（破線）よりすべての点を通っている3次の解（実線）の方が正しくなってしまいます。しかし直感的にはその逆、飛び跳ねている実線は「悪い答え」で、破線が「良い答え」に見えます。

この「直感的には」という安直な言葉の裏には、「もっと観測してみると、きっと**図4.6**の白丸点のようなデータが得られるに違いない」「逆に、三角の点のようなデータが得られれば実線のほうが良いことになるが、きっとそんなことはないはず」という期待が隠れています。

この実線のような「観測データに対してはよく適合しているが、期待している見えないデータから離れている状態」を機械学習では**過学習**または**過適合**[*8]を起こしていると言います。過学習は機械学習で頻繁に起きる重大な問題です。

過学習の定義が「期待している見えないデータ」に依存していることは注意する必要があります。もし期待と異なり、見えていないデータが「悪い答え」(だと思っていた方) に沿って分布していた場合、間違っているのは「良い答え」の方になります。また「期待している見えないデータ」が人によって異なる場合があります。そのとき、自分には過学習に見えたとしても、他の人にとってはそうでないことも考えられます。

そこで「期待している見えないデータ」、つまり訓練データともテストデータとも別の確認用データを用意し、過学習かどうか客観的に判断するアプローチがあります。そのようなデータを**開発データ**と呼びます。開発データを用意するアプローチについては、第9章「モデル選択」で具体的に紹介します。

さて、もう一度**図4.6**を見てください。「期待している見えないデータ」が実線に沿って分布する可能性を指摘しましたが、やはりそのように分布するとは思いにくいでしょう。そこで実線の筋の悪さをより客観的な基準で表現して、それを解消するようにモデルを改良する方向のアプローチを紹介します。

少し回り道のように感じるでしょうが、データ点をほんの少しいじって、別の問題を作ります。

$$(x,t) = (0.0, 4.0),\ (2.0, 0.0),\ (\mathbf{3.9}, 3.0),\ (4.0, 2.0) \tag{4.11}$$

$$(x,t) = (0.0, 4.0),\ (2.0, 0.0),\ (\mathbf{4.1}, 3.0),\ (4.0, 2.0) \tag{4.12}$$

*8 英語では over-fitting と呼びます。その英語からも、また本文で述べた定義からも「過適合」の方が用語としてふさわしいでしょうが、「過学習」が広く一般的に用いられているため、本書ではこちらを主に使用します。

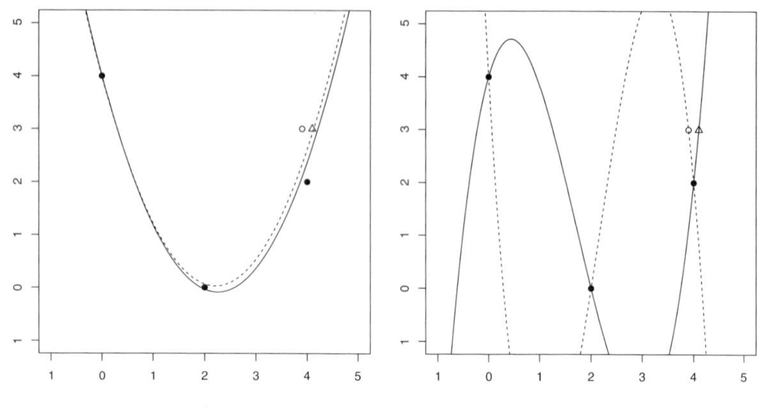

図4.7：データA（○、破線）とB（△、実線）による解の違い

ここまで使っていたデータ (4.11) をデータ A とします。そして 3 点目の (3.9, 3.0) を少しずらして (4.1, 3.0) にしたものをデータ B としましょう (4.12)。入力されるデータ点の違いはわずかですから、データ A と B に対する解の違いも小さいことが望ましいはずです。

実際、データ A と B に対して 2 次の多項式基底を使って解くと、「データの違いが小さいなら、解の違いも小さい」という期待どおりの結果が得られます (**図4.7** 左の破線と実線。A と B で異なる点はそれぞれ○と△で表しています)。

ところが 3 次の多項式基底で解くと、データ A に対する解 $f(x) = 4.0 - 16.9x + 10.8x^2 - 1.7x^3$ （**図4.7** 右、破線）とデータ B に対する解 $f(x) = 4.0 + 3.4x - 4.4x^2 + 0.86x^3$ （**図4.7** 右、実線）はまったく異なることがわかります。

このような測定誤差程度の差異でまったく異なる解になるという困った性質を持つ問題は特に**不良設定問題**と呼ばれます。少々ざっくり定義すると、以下のどちらかのような性質を持つものが不良設定問題です。

1. 入力データのわずかな違いで結果が大きく変化する
2. 条件を満たす解が無数に存在する

不良設定問題かどうかは、「このデータを 3 次の多項式基底で線形回帰で解く」のように、データとモデルの組み合わせによって決まります。線形回帰の場合、データ点の個数と基底関数の個数が一致かとても近いと1を、基底関数の方が多いと2を満たす傾向があります[*9]。

ここで**図4.7**右を見ながら、過学習の話を思い出します。このような観測誤差程度でまったく異なる解が求まってしまうモデルでは、観測データをもう一度取りなおせばやはり異なる解が求まってしまうでしょう。このとき「見えないデータ」が解に沿って分布していることなどとても期待できません。

つまり、モデルとデータの組み合わせがもし不良設定問題なら、過学習を起こす状態でもあるということです。逆に過学習を起こしているからといって不良設定問題とは限りませんが、先のデータ点と基底関数の個数の関係から、多くの場合はやはり不良設定問題に陥っている可能性が高いです。そこで、不良設定問題を解消する方法を使って、過学習を抑えるというアプローチが考えられます。

4.6 正則化

不良設定問題かどうかは今あるデータとモデルに対して決まりますから、「今あるデータで不良設定問題にハマらないようにモデルを小改良する」というアプローチが考えられます。そうした不良設定問題を正す手法全般を**正則化**と呼びます。

前節の議論から、不良設定問題と過学習は同時に起きている可能性が高いため、正則化によって不良設定問題を解決すると、過学習状態も解消されることが期待できます。そのため、正則化は過学習を解消する手法のひとつとしても使われています（が、本来は別物です）。

正則化にもさまざまな手法が提案されています。本書ではその中で一番手軽でよく使われる $\boldsymbol{L_2}$ **正則化**を紹介しましょう。

今、**図4.6**の3次の多項式基底による回帰では、データ分布の中心あたりに急な傾きが現れていることに注目します。不良設定問題がデータのわずかな違

---

*9 線形回帰と不良設定問題の関係は、式 (4.9) と線形代数の一般的な事実からも説明できます。基底関数の個数がデータ点の個数に近づくと、(4.9) の中の $\boldsymbol{\Phi}^\top \boldsymbol{\Phi}$ の行列式が 0 に近くなり、その逆行列が発散気味となることで、データのわずかな違いでパラメータ $\boldsymbol{w}$ が極端な変化を見せます。基底関数の個数がデータ点より多いと、$\boldsymbol{\Phi}^\top \boldsymbol{\Phi}$ のランクが落ちて、その逆行列が存在しません。このとき、(4.8) を満たす $\boldsymbol{w}$ は、存在しないか無数に存在するかのどちらかとなります。詳細は線形代数の教科書を参照してください。

いに過敏であるのは、その急な傾きに強く関係していると考えます。

ここで**図4.6**にみせた、2次の多項式基底での線形回帰の解 (4.13) と3次の解 (4.14) を見比べます。

$$f(x) = 3.98 - 3.58x + 0.81x^2 \tag{4.13}$$

$$f(x) = 4.00 - 16.91x + 10.81x^2 - 1.68x^3 \tag{4.14}$$

(4.14) の係数は、(4.13) に比べて大きい値（0から離れた値）となっています。(4.14) の3項目 $10.81x^2$ は x が2から3に変化すると50以上も変動し、グラフの急な傾きはこの係数の大きさで説明できます。つまり、パラメータ w_m が0から離れることは望ましくないと考えられます。

そこで、パラメータを0に近づける戦略を取りましょう。それを実現する方法はいくらでもありそうですが、L_2 正則化ではとても単純に、誤差関数 $E(\boldsymbol{w})$ (4.15) の代わりに「パラメータの二乗和」$R(\boldsymbol{w}) = \frac{1}{2}\sum_{m=1}^{M} w_m^2$ を付加した新しい関数 $L(\boldsymbol{w})$ (4.16) を最小化します。

$$E(\boldsymbol{w}) = \frac{1}{2}\sum_{n=1}^{N}(y_n - t_n)^2 \tag{4.15}$$

$$\begin{aligned} L(\boldsymbol{w}) &= E(\boldsymbol{w}) + \lambda R(\boldsymbol{w}) \\ &= \frac{1}{2}\sum_{n=1}^{N}(y_n - t_n)^2 + \frac{1}{2}\lambda\sum_{m=1}^{M} w_m^2 \end{aligned} \tag{4.16}$$

$R(\boldsymbol{w})$ が最小となるのは $w_1 = w_2 = \cdots = w_M = 0$ ですから、$L(\boldsymbol{w})$ を最小とする $\boldsymbol{w}$ は、$E(\boldsymbol{w})$ を最小とする $\boldsymbol{w}$ よりも0に近くなります。$R(\boldsymbol{w})$ を**正則化項**、$R(\boldsymbol{w})$ にかかっている係数 λ を**正則化係数**と呼びます。正則化係数 λ によって、最小値を0に引き寄せる強さを調整します。

二乗和のことを線形代数では特に L_2 ノルムと呼ぶことから、$R(\boldsymbol{w})$ にパラメータの二乗和を採用した正則化を L_2 正則化と呼びます。本書では触れませんが、$R(\boldsymbol{w})$ に他の「パラメータが0に近いほど小さくなる関数」を選ぶと、異なる正則化手法が得られます。

それにしても、**図4.6**のグラフを見れば3次の多項式基底だと過学習であり、2次を選べばよいことは直感的に明らかなのに、ずいぶんと面倒なことをする、と感じる人もいるかもしれません。

この問題では入力 x が1次元でしたが、機械学習では10次元100次元くらいで済めば小さい方で、10,000を超える次元になることも珍しくはありません。そして高次元のグラフを描くことは現実的には不可能です。

これは、人間が4次元以上を目で見ることはできないという単純な話ではありません。**図4.6**のようなグラフを描くためには、実際には $x=-1$ から $x=5$ までの「すべての値」に対応する $f(x)$ を計算する必要があります。といっても、さすがに本当に「すべての値」は無理ですから、0.01刻みの600個の $f(x)$ を計算したことにしましょう。ここで入力が (x_1, x_2) の2次元になった場合を考えます。同様に $-1 \leq x_1 \leq 5$, $-1 \leq x_2 \leq 5$ の範囲で $f(x_1, x_2)$ のグラフを描きたいなら、$600^2 = 360{,}000$ 個の $f(x_1, x_2)$ を求めることになります。入力が10次元 $(x_1, \ldots, x_{10})$ ともなれば、600^{10} 個の $f(x_1, \ldots, x_{10})$ を求める必要があります。これには1秒に1億個の $f(x_1, \ldots, x_{10})$ を計算できたとして、2兆年かかります。

また本書では詳しく述べませんが、通称して**次元の呪い**と呼ばれる、低次元の「直感的に明らか」が高次元ではまったく通用しない性質がいくつも知られています。対象にもよりますが、一般に6次元以上になると3次元までの直感や常識は通用しないと思っておいた方がいいでしょう。

Column

不良設定問題と深層学習

「過学習を起こすことはわかりきっているが、それでもそのモデルを使いたい」場合にも正則化のアプローチは有効です。代表的な例が、近年流行っている**深層学習**です。

写真や言語は数えきれないほどさまざまな形で存在しており、これをあまねく表現するには、パラメータがとても多いモデルが必要になります。しかし「意味のある画像や文字列」は「すべてのランダムな画像や文字列」の中ではとてもとても小さな空間にすぎず、さらに用意できる訓練データはその中のほんのわずかな一部です。この状況で機械学習を行うと、とてつもなくパラメータが多い複雑なモデルをわずかなデータで学習することになり、あっさり過学習を起こします。

深層学習の原型は30年以上前からすでに研究されていたものの、

過学習を始めとした巨大なモデルに顕著な数々の問題を解決できずにいました。それがここ10年ほどの間に、複雑で巨大なモデルでもうまく正則化する画期的な手法などが相次いで研究・開発され、これまでの機械学習では考えられなかったほどの目覚ましい結果を出せるようになりました。

とはいえ、それらの画期的な手法を駆使しても、深層学習モデルをうまく学習する設定を見つけ出すには多くの試行錯誤が必要であり、本質的に「とても質（たち）の悪い不良設定問題」であることは変わっていません。

4.7 正則化項あり線形回帰の解き方

4.4節と同様に、正則化項のある線形回帰も、二乗和誤差の式に正則化項を加えた式(4.16)の 勾配 $= 0$ の方程式を解くことで、パラメータ $\boldsymbol{w}$ を求められます。

$$\frac{\partial L(\boldsymbol{w})}{\partial w_m} = \sum_{n=1}^{N} (y_n - t_n)\,\phi_m(x_n) + \lambda w_m$$

これを解くと、$\boldsymbol{w}$ を求める式(4.17)が得られます。$\boldsymbol{\Phi}$ は $\phi_m(x_n)$ の行列です。

$$\boldsymbol{w} = (\boldsymbol{\Phi}^\top \boldsymbol{\Phi} + \lambda \boldsymbol{I})^{-1} \boldsymbol{\Phi}^\top \boldsymbol{t} \tag{4.17}$$

それでは先ほどの例を正則化項付きで解いてみましょう。正則化係数 λ の決め方はまだ出てきていませんでしたから、ひとまず0.001、0.01、0.1、1.0といろいろな値で結果がどう変わるか見てみます（**表4.2**）。

$\lambda = 0$ は正則化項が消えることから、正則化しない場合に相当します。λ が大きくなるにつれ、w_m が0に近い値になっていますね。

それではそれぞれのグラフを描いてみましょう（**図4.8**）。灰色の破線は正則化項なしの2次と3次の多項式回帰の結果です。

$\lambda = 0.001$ では正則化項なしの3次多項式回帰とあまり差がないですが、$\lambda = 0.01, 0.1$ では2次多項式回帰に近い結果が得られています。ところが $\lambda = 1.0$ になると、ちょうどいいところを通り越して、データ点から大きく離

λ	w_1	w_2	w_3	w_4
0	4.00	-16.91	10.81	-1.68
0.001	3.98	-12.84	7.77	-1.17
0.01	3.91	-4.51	1.57	-0.13
0.1	3.54	-1.25	-0.67	0.24
1.0	1.86	-0.43	-0.46	0.15

表4.2：正則化項付きの線形回帰

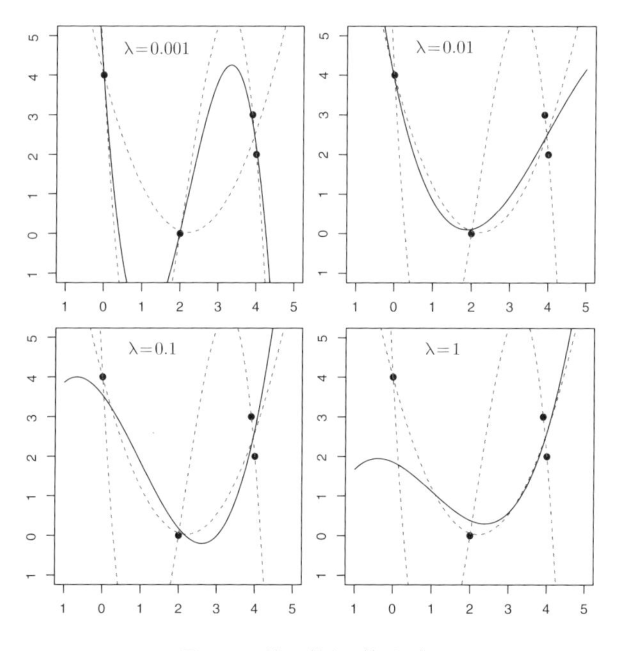

図4.8：正則化項付きの線形回帰

れてしまいました。さらに λ を大きくすると、すべての w_m たちは小さくなり、グラフは $y = 0$ に近づきます。つまり正則化係数 λ は小さすぎても大きすぎてもダメで、適切な値を選ぶ必要があることがわかります。

しかし機械学習の他の話と同じく理論的なただひとつの正解はなく、いろいろある「正則化係数の適切な選び方」の中から適切に選ぶという展開が待っています。正則化係数をモデルの一部とみなし、モデル選択手法を応用するのが一般的であり、第9章「モデル選択」で一緒に説明します。

ただし「モデル選択で決まる最適な正則化係数」はデータによって変わるため、データが刻々と増えていくような実用ではあまり細かく決められません。**図4.8** を見ると、「そこそこ良い正則化係数」はある程度の幅がありますから、僅差の性能を争っている研究でなければ、正則化係数の厳選にこだわらなくてもよいでしょう。

4.8 ガウス基底を使った線形回帰

4.3 節ではよく使われる基底関数として多項式基底とガウス基底を紹介しました。この節ではガウス基底を使った線形回帰の特徴について簡単に説明します。

ガウス基底関数は (4.18) で定義されます。

$$\phi_m(x) = \exp\left\{-\frac{(x-\mu_m)^2}{2s^2}\right\} \quad (m = 1, \ldots, M) \tag{4.18}$$

ガウス基底を使うには (4.18) に現れているパラメータ μ_m, s と基底関数の個数 M を適切に決める必要があります。

それを考えるためにも、まずとても簡単な例で多項式基底とガウス基底の違いを確認しておきましょう。

図4.9 は 2 点からなるデータに対して、1 次の多項式基底（つまり最小二乗法）と、適当なパラメータのガウス基底（関数の個数は 2 個）のそれぞれについての線形回帰の解をプロットしたものです。

この図が表しているのは、ガウス基底（破線）はデータのある点の周りにだけ影響が届き、離れたところにはまったく影響がないということです。点があるところは点の近くを通るように関数を動かしますが、点から離れたところは「情報がないから 0 にする」という推定をします[*10]。

それに対して多項式基底では、ガウス基底の結果では 0 になるような $x = 1$ の周りや $x < -1$ や $x > 3$ についても、ちゃんと値を持つ関数が得られています。

こうした「データのないところ」を推論することを**外挿**（がいそう）と言います。この言

[*10] ガウス基底で回帰を行う場合は平均が 0 になるようにデータを標準化するのも一般的です。

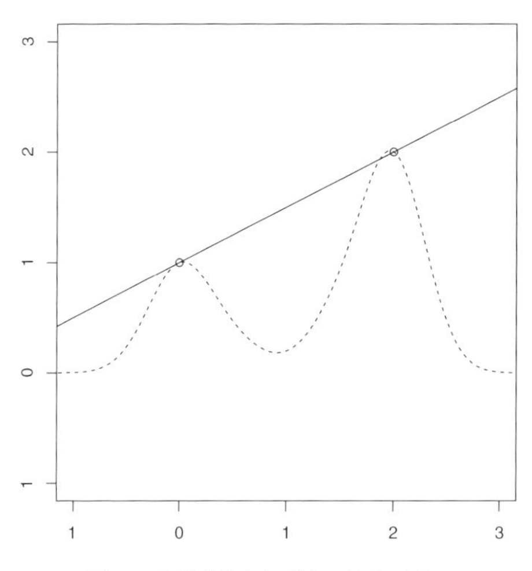

図4.9：多項式基底とガウス基底の違い

葉を使うと、ガウス基底はデータ点のまわりはわかるが遠くはわからない外挿の弱いモデルであり、多項式基底はデータ点の存在しない範囲についても予測できる外挿の強いモデルが得られる、と言えます。

これはどちらが正しいというわけではなく、この性質を把握したうえで、求めたい解によってどちらの基底を使うか（あるいはさらに別のモデルにするか）選ばなければならない、という話です。

ガウス基底の「データのあるところしか推論できない」というのはとてもシンプルでわかりやすいです。関数の形などの事前情報が少ない場合にはガウス基底がよく用いられます

一方、実際にありうるデータ全体に対して、用意できる訓練データがとても疎（まば）らであるとき、外挿の弱いモデルはあまり役に立ちません。そういう場合は、関数の形に強い仮定を入れてでも、データのないところも予測できるモデルが必要です。

ガウス基底の性質がわかったところで、あらためてパラメータの説明をしましょう。

μ_m は基底それぞれの中心にあたります。一般には μ_m はデータ点がある範囲を $M-1$ 等分（つまり両端合わせて M 個になるように等分）する位置が

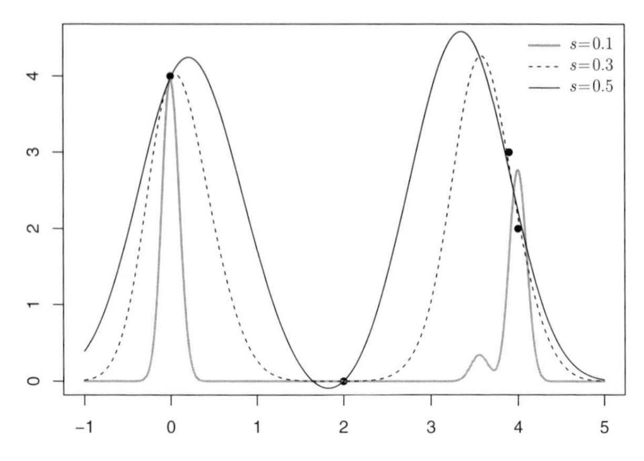

図4.10：s を変化させたときのガウス基底回帰

選ばれます。その近くに中心をもつガウス基底がなければ、「データがあっても推論できない」モデルになってしまいますからね。

s は基底の「幅」にあたり、「データのどこまで近くならわかるか」を指定します。s の選び方でデータの影響範囲を指定できる、と言っても実感しづらいでしょうから、s によってどのように結果が変わるか実際に見てみましょう。

前節までに何度も使ったデータ (4.10) をガウス基底の線形回帰で解いてみます。基底関数の個数は $M = 10$ とし、各基底関数の中心 μ_m はデータ点のある範囲 $[0, 4]$ に等分にとります。基底関数の幅 s を $s = 0.1, 0.3, 0.5$ と変えたとき、それぞれ推定した関数をプロットしたものが**図4.10**です。基底関数（10 個）がデータ点（4 個）より多いので、正則化をかけています（正則化係数 $\lambda = 0.01$）。

$s = 0.1$（灰色線）はデータ点のあるところ以外はだいたい 0 です。直感的にもダメな感じがするでしょう。$s = 0.3$（破線）と $s = 0.5$（実線）はどちらもそれっぽい関数です。強いて言えば $s = 0.5$ のほうがしっくりきますが、$s = 0.3$ を否定するのは難しそうです。

このことから、s の選び方でかなり異なる関数が推定されることがわかります。また、結果の良し悪しは、今のところ「直感」とか「しっくり」とかとても主観的な言葉でしか表せていません。まだ低次元ならこのようにグラフの形を見て主観的な判断することもできるでしょうが、高次元になるとそれすら難しくなります。モデル選択（第9章参照）では、こうした主観をできるだけ抑えてモデルを選択する方法を紹介しています。

M と μ_m の選び方も回帰結果に大きな影響はありますが、それ以上にもっと切実な問題があります。均等に配置するやりかたでは、高次元で基底関数が爆発的に増えてしまうという問題です。1次元なら10個で済んでいた等分配置も、そのまま100次元に持っていったら $M = 10^{100}$個 の基底関数になります。データ点が多いところはできれば基底関数を細かく用意したいので、基底関数はさらに増えます。

データがあるところに基底関数があると嬉しいなら、いっそデータ点があるところをそのままガウス基底の中心に使うのはどうでしょう。これならデータが多いところは勝手に基底関数が多くなり、データが少ないところは少なくなります。これなら高次元の問題はないでしょう。

本書では詳しく述べませんが、その考え方のモデルを抽象化したのが**ガウス過程**と呼ばれるモデルです。関数について事前知識が少ない回帰問題では、ガウス過程を使って解かれることがとても多いです。

第5章

ベイズ確率

試験を受けたあと、どれくらい自信あるかを聞かれて「7割くらいの確率で受かってるかなあ」みたいなことを言ったり言われたりしたことはありませんか？ そして、クラスで一番賢いヤツに聞いてみたら同じ答えだったりして、「やった！ 合格率8割に上がった!!」とか根拠なく喜んだことは？ 答えが違っていて、下がったことならいっぱいある？

ここで言っている「合格の確率7割」とは、「試験を10回受けたら平均7回合格」ではなく、「今回の試験の結果について、7割くらいの確実さで合格が期待できる」という「自信の度合い」を表しています。第2章のサイコロの確率とも天気の確率とも明らかに違いますが、「起きるかもしれない可能性」を数値で表している点で、これも「確率」と呼ばれる資格があるかもしれません。

ここまで見てきたように、確率の定義は4つのルールを満たす枠組みであり、その値の作り方とは分離されていました。ということは、そのルールを満たすように「自信の度合い」を数値化できれば、同じ確率の枠組みで扱えるはずです。それが**ベイズ確率**の考え方になります。

5.1 確率の確率

今ここに、表と裏の出る可能性が同じとは思えない歪んだコインがあるとします。このコインを投げて表が出る確率を $P(\text{表が出る}) = 1/2$ とは言えなそうです。

そこで天気の確率のように、実際に投げてみて、表の出た回数/投げた回数で確率を決めることにしましょう。このコインを5回投げてみたら2回表が出ましたので、$P(\text{表が出る}) = 2/5 = 0.4$ となりました。これが答えでいいでしょうか。

5回では少なすぎると突っ込まれそうです。そこでさらに20回投げると、あわせて25回のうち表が9回出ました（**表5.1**）。ということは $P(\text{表が出る}) = 9/25 = 0.36$ でしょうか。

直感的には、投げる回数を増やすほど良い答えが得られそうな気はします。しかしいったい何回投げればよいでしょう。

そもそも $P(\text{表が出る})$ はコインによって決まる値です。コインを投げる回数によって0.4になったり0.36になったりするのは気持ち悪いです。

確率とは「起きるかもしれないし、起きないかもしれないことがら」を扱う

1	2	3	4	5	6	7	8	9	10	11	12	13
表	裏	裏	裏	表	裏	表	裏	裏	裏	裏	表	表

14	15	16	17	18	19	20	21	22	23	24	25
裏	裏	裏	裏	表	裏	裏	裏	表	裏	裏	裏

表5.1：歪んだコインを25回投げた結果

ためのものでした。それなら、「コインの表が出る確率が0.4」ということがらが起きるかもしれないし、「コインの表が出る確率が0.36」ということがらが起きるかもしれない、と考えれば、この「投げるたびに変わるように見えるコインの確率」も確率で扱えるのではないでしょうか。

確率で扱うために、まず確率変数を用意します。確率変数 X を、「コインの表が出る確率」の値とします。つまり $X = 0.4$ は「コインの表が出る確率が0.4であるということがら」が起きることを表します。確率である X の全事象は0から1までの実数値です。

n 回目に投げたコインの結果には確率変数 Y_n を割り当てます。こちらの全事象は「表が出る」と「裏が出る」です。シンプルに $Y_1 = 表, Y_2 = 裏$ のように表します。

ここで条件付き確率をうまく使います。$P(Y_n = 表 \mid X = x)$ は「コインの表が出る確率が x とわかっているときの、n 回目に表が出る確率」ですから、当然 x です。そのとき裏が出る確率は $1 - x$ ですね (5.1)。

$$
\begin{aligned}
P(Y_n = 表 \mid X = x) &= x \\
P(Y_n = 裏 \mid X = x) &= 1 - x
\end{aligned}
\tag{5.1}
$$

この記号を使うと、「$Y_1, \ldots, Y_N$ がわかっているときに、コインの表が出る確率が x である確率」は $P(X = x \mid Y_1, \ldots, Y_N)$ と表せます。ただし X は連続値なので、本来は確率密度関数で表す必要があります（3.2節）。ここでは $P(X = x)$ や $P(X = x \mid \cdots)$ という表記でそのまま各分布の確率密度関数を表すことにします。

まずは順番に $P(X \mid Y_1)$ から計算していきましょう。$P(X \mid Y_1)$ はベイズ公式（2.8節）を使うと条件付き確率をひっくり返して $P(Y_1 \mid X)$ と書けます

(5.2) [*1]。

$$P(X=x \mid Y_1=\text{表}) = \frac{P(Y_1=\text{表} \mid X=x)P(X=x)}{P(Y_1=\text{表})} \tag{5.2}$$
$$P(X=x \mid Y_1=\text{裏}) = \frac{P(Y_1=\text{裏} \mid X=x)P(X=x)}{P(Y_1=\text{裏})}$$

(5.2) の右辺が計算できるか考えてみましょう。$P(Y_1=\text{表} \mid X=x)$ は (5.1) から $P(Y_1=\text{表} \mid X=x)=x$ です。分母の $P(Y_1=\text{表})$ は分子の周辺化で得られます (5.3)。

$$\begin{aligned} P(Y_1=\text{表}) &= \int_0^1 P(X=x, Y_1=\text{表})dx \\ &= \int_0^1 P(Y_1=\text{表} \mid X=x)P(X=x)dx \end{aligned} \tag{5.3}$$

よって、$P(X=x)$（正確には X の確率密度関数）がわかれば (5.2) を計算できます。$Y_1=\text{裏}$ についても同様です。

分布 $P(X)$ の解釈は悩ましいところですが、$P(X=x \mid Y_1=\text{表})$ が「n 回目に表が出たときの、コインの表の出る確率が x である確率」だったことを考えると、$P(X=x)$ は「まだコインを 1 回も投げていないときの、コインの表の出る確率が x である確率」ということになりそうです。

ここでは「コインを投げる前なので、X について情報がない」を「すべての $X=x$ が同じ確率で起こりうる」と解釈して、$P(X)$ は $[0,1]$ 区間で一様な分布ということにしましょう (5.4)。

$$P(X=x)=1 \quad (0 \le x \le 1) \tag{5.4}$$

これで (5.2) を計算する準備ができました。

$$\begin{aligned} P(Y_1=\text{表}) &= \int_0^1 P(Y_1=\text{表} \mid X=x)P(X=x)dx \\ &= \int_0^1 xdx = \left[\frac{1}{2}x^2\right]_0^1 = \frac{1}{2} \end{aligned}$$
$$P(X=x \mid Y_1=\text{表}) = \frac{P(Y_1=\text{表} \mid X=x)P(X=x)}{P(Y_1=\text{表})} = 2x \tag{5.5}$$

[*1] 離散と連続の混じった積の公式を示していないので、厳密にはそれを言う必要がありますが、ここではそれは認めて先に進めさせてもらいます。

(5.5) は、コインを投げた結果の 1 回分 Y_1 を使って、表の出る確率 X を推測するものです。次に 2 回分の結果 Y_1, Y_2 を使ってみましょう。**表5.1** より、$Y_1 = 表, Y_2 = 裏$ ですから、特に $P(X = x \mid Y_1 = 表, Y_2 = 裏)$ を求めます。

同じようにベイズ公式から、(5.6) となります。

$$P(X = x \mid Y_1 = 表, Y_2 = 裏) = \frac{P(Y_1 = 表, Y_2 = 裏 \mid X = x)P(X = x)}{P(Y_1 = 表, Y_2 = 裏)} \tag{5.6}$$

$P(Y_1 = 表, Y_2 = 裏 \mid X = x)$ を求めるために、「コインの表が出る確率 X がわかっていれば、1 回目の結果が 2 回目の確率に関係ない」ことを仮定します (5.7)。

$$P(Y_1, Y_2 \mid X) = P(Y_1 \mid X)P(Y_2 \mid X) \tag{5.7}$$

(5.7) は条件付き独立（2.7 節）です。「確率が他の回の結果によらない」という自然な仮定なので、違和感はないでしょう[*2]。

これで $P(X = x \mid Y_1 = 表, Y_2 = 裏)$ も計算できます。

$$P(Y_1 = 表, Y_2 = 裏) = \int_0^1 x(1-x)dx = \frac{1}{6}$$

$$\begin{aligned} P(X = x \mid Y_1 = 表, Y_2 = 裏) &= \frac{P(Y_1 = 表, Y_2 = 裏 \mid X = x)P(X = x)}{P(Y_1 = 表, Y_2 = 裏)} \\ &= 6x(1-x) \end{aligned}$$

確率密度関数 $P(X = x), P(X = x \mid Y_1 = 表), P(X = x \mid Y_1 = 表, Y_2 = 裏)$ をプロットしてみましょう（**図5.1**）。

この図の意味するところは置いといて、ひとまず X の分布が更新されていく様子が確認できます。続けて $P(X = x \mid Y_1, \ldots, Y_n)$ を同様に計算していきます。とはいえ、25 回分全部を書き下すのはページの無駄使いですから、5 回

[*2] 条件付き独立ではなく、単に Y_1 と Y_2 が独立と仮定したくなるかもしれません。つまり「コインの表が出る確率 X がわかって『いなくても』、1 回目の結果が 2 回目の確率に関係ない」です。しかし残念ながら Y_1 と Y_2 は独立ではありません（と考えるほうが自然な仮定になる）。仮定 (5.7) と (5.4) から $P(Y_1, Y_2)$ を計算すると、$P(Y_1 = 表, Y_2 = 表) = (Y_1 = 裏, Y_2 = 裏) = 1/3$, $P(Y_1 = 表, Y_2 = 裏) = (Y_1 = 裏, Y_2 = 表) = 1/6$ となります。これは、1 回目で表が出たという知識を得たことで「表が出やすいコイン」の確率が高まり、2 回目も同じ表の出る確率が少し上がることを表しています。よくある確率の問題でサイコロなどの目の確率が順番によらないのは、サイコロの確率をあらかじめ知っていることが重要だとわかります。

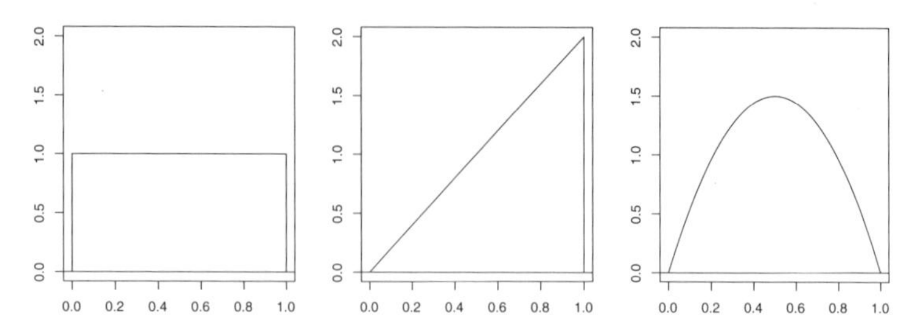

図5.1：コインを投げる前、1回、2回投げたあとの確率の確率

投げたときと、25 回投げたときの計算結果だけみておきます。

$$P(X = x \mid Y_1 = 表, \ldots, Y_5 = 表) = 60x^2(1-x)^3$$

$$P(X = x \mid Y_1 = 表, \ldots, Y_{25} = 裏) = 53117350x^9(1-x)^{16}$$

コインを投げるにつれて確率密度 $P(X = x \mid Y_1, \ldots, Y_n)$ の変化していく様子を 1 枚の図にプロットしたものが **図5.2** です。5 回投げたときと、25 回投げたときを実線にしています。

図5.2 を見ながら、最初に考えていた疑問、「投げるたびに確率が変わる？」と「コインを何回投げればよいか？」を考えてみましょう。

表の出た割合を確率とする場合は、(未知だが定まっているはずの) コインの確率が投げるたびにコロコロ変わることが不自然でした。一方、「確率の確率」では変わっているのは例えば「$X = 0.4$ ということがらの起きる確率」、つまり「コインの確率は 0.4 だろうという自信の度合い」です。投げた結果を得るたびにそれが更新されていくのは自然に思えます。

また投げる回数が増えるたびに、分布の幅が狭くなっています。この分布の幅は、コインの確率についてそのとき知っている情報から推定できる可能性の幅をそのまま表しています。5 回投げたときの $P(X = x \mid Y_1, \ldots, Y_5)$ (低い方の実線) では、$X = 0.4$ の周りが確率高めとはいえ、両端 (0、1) 以外はまだまだ十分可能性 (確率密度) が残っていました。しかし 25 回投げたときの $P(X = x \mid Y_1, \ldots, Y_{25})$ (高い方の実線) では、もう $X \leq 0.1$ や $X \geq 0.6$ では確率密度はほぼ 0 に見えます。X の可能性の範囲が絞れてきているということです。

ということは、「コインを何回投げればよいか？」の答えは、X の可能性の

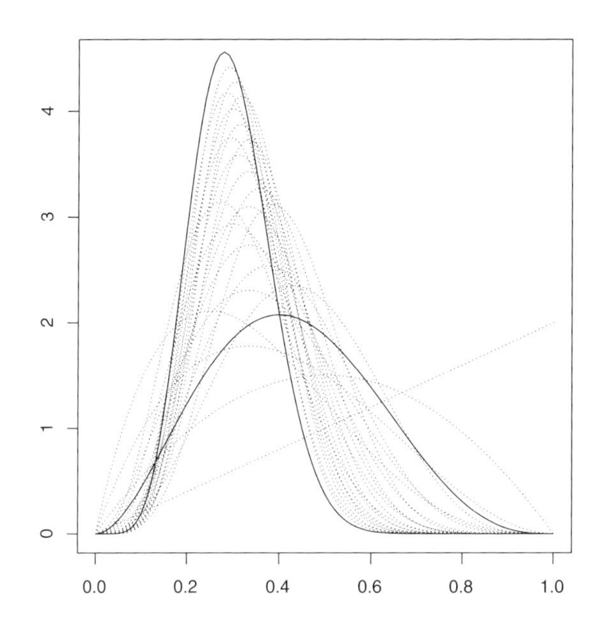

図5.2:コインを投げるたびに変化する確率の確率

幅が欲しい精度に達するまで投げればよいとわかります。

ただ図では軸にくっついて見える範囲の確率密度も厳密には0ではないので、「分布の幅」を決める方法が必要です。「確率密度 ≥ 0.1」のような単純な方法でもよさそうに見えますが、あいにく確率密度は相対的な起こりやすさを表す値であり、0.1という値は確率密度関数ごとに違う意味になります。

そこで、分布から確率の高い範囲を0.95（95%）（あるいは0.99）になるまで選びます。これは X （コインの表が出る確率）が、95%の確率で入る範囲であり、それを分布の「幅」と考えるのが一般的なアプローチです。より具体的には、分布の両側それぞれから確率0.025（2.5%）に相当する範囲を取り除きます（**図5.3**）*3。

*3 これを95%**ベイズ信頼区間**と言い、「真の値がその区間に入る確率が95%」を意味します。しかし信頼区間という用語をもともと使っていた統計の検定ではそのようなベイズ的な解釈は許されておらず、間違って使うと厳しく突っ込まれることがあるので注意が必要です……。

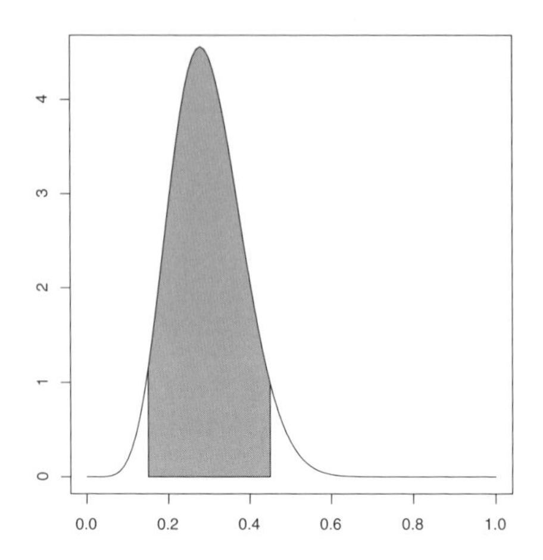

図5.3：25回投げたときの分布 $P(X)$ の幅（95%ベイズ信頼区間）

5.2 ベイズ確率

確率は「起きるかもしれないことがらを数値で扱う」ものでした（第2章）。そしてサイコロや天気といった何回も観測できる現象については、その起きる割合を数値で表し、確率という数値でそれを表せるようになりました。

このサイコロや天気のような確率の考え方は、「試験に合格する確率」「検査結果を見て、病気がある確率」「明日地震が起きる確率」といった、何回も観測できないことがらにそのまま当てはめることはできません。しかし、これらも「起きるかもしれないことがらを数値で扱いたい」わけで、ぜひ確率という強力な枠組みの中で議論がしたいところです。

そこで起きる回数ではなく、「自信」や「信用」などといった信念の強さを数値化するというアプローチで、何回も観測できないことがらでも確率として扱えるようにしたのが**ベイズ確率**です。観測した情報 Y が有利なら「自信の度合い」の数値は増え、不利なら減るという現象を、ベイズ確率の更新で表現できます。

前節のゆがんだコインの確率はベイズ確率の典型例のひとつです。より一般化したベイズ確率を導入しましょう。

事象「あることがらが a である」が事実であるという自信の度合いを $P(X=a)$ で表すような確率変数 X を考えます。「自信の度合い」の決め方はまだ議論しません[*4]。

今、興味のある X を直接知ることは難しいが、X に関係する確率変数 Y は直接観測できるとします。目的は観測できる Y から X について推測することです。ここで X と Y の関係として、X がわかっているときの Y の確率 $P(Y \mid X)$ がわかるなら、ベイズ確率の出番です。コインの表が出る確率 X と実際にコインを投げた結果 Y、病気の有無 X と検査の結果 Y、文章や単語の隠れた意味 X と実際に使われた単語 Y など、数多くの問題がこのような X と Y の関係としてモデリングできます。

このとき知りたいことは「実際の Y がわかったときの X を推定できる情報」です。これを Y がわかっているときの X の条件付き分布 $P(X \mid Y)$ と解釈します。$P(X \mid Y)$ はもちろん未知ですが、ベイズの公式を使ってひっくりかえすと、$P(Y \mid X)$ の式に書きなおせます (5.8)。

$$P(X \mid Y) = \frac{P(Y \mid X)P(X)}{P(Y)} \tag{5.8}$$

右辺でまだ $P(X)$ と $P(Y)$ が決まってませんが、もし $P(X)$ を知っていれば、$P(X,Y) = P(Y \mid X)P(X)$ を周辺化することで $P(Y)$ は計算できます (5.9)。

$$P(Y) = \int P(Y \mid X=x)P(X=x)dx \tag{5.9}$$

よって、$P(X)$ を与えれば (5.8) は計算でき、お目当ての $P(X \mid Y)$ も求められます。この $P(X)$ は Y を観測する前に X について考えられる可能性（事前知識）を分布の形で表現したものと解釈できることから、**事前分布**と呼ばれます。

一方 $P(X \mid Y)$ は Y の観測によって更新された X の分布と解釈できます。これを**事後分布**と呼びます。

この $P(Y \mid X)$ と $P(X)$ を与え、Y の観測値から $P(X \mid Y)$ という形で X の情報を得る枠組み全般は**ベイズ統計**とも呼ばれます。

[*4] 第 2 章の確率も、「サイコロを振ったら a が出た」「天気が晴れだった」が事実である自信の度合いを事象の個数や頻度の比で表したもの、と考えればベイズ確率で解釈できます（無理にする必要はありませんが）。

(5.8) は Y を知ることでベイズ確率 $P(X)$ が $P(X \mid Y)$ に更新される式です。ちょうど章の冒頭の「友達の答えを聞いたら、合格の自信が上がった！」に対応しますが、なんとなく自信が増えた減ったというのと異なり、ベイズ確率の更新は確率のルールから導かれているので、誰がやっても同じ結果になります。

ただしベイズ確率の更新はルールから厳密に計算できますが、その初期値である事前分布を決めるルールはありません。事前分布の与え方にもパターンはありますが（詳細は次節）、最終的には問題を解く人が主観的に与える必要があります。そしてすべての「自信の度合い」はこの事前分布の与え方で決まってしまいます。そのため、ベイズ確率は**主観確率**とも呼ばれます。

ベイズ確率の応用、特に機械学習では Y について観測されるデータは 1 個ではなく複数あります。今、$Y = y_1, y_2, y_3$ の 3 個の観測値があったとき、それを使ってベイズ確率を推定するには主に 2 つの考え方があります。

ひとつは前節でやったように、1 回目の観測を $Y_1 = y_1$、2 回目を $Y_2 = y_2$ のように確率変数を分けて考える方法です。

$$P(X \mid Y_1 = y_1, Y_2 = y_2, Y_3 = y_3) = \frac{P(Y_1 = y_1, Y_2 = y_2, Y_3 = y_3 \mid X)P(X)}{P(Y_1 = y_1, Y_2 = y_2, Y_3 = y_3)} \tag{5.10}$$

次に Y_1, Y_2, Y_3 は X を縛ったときに互いに条件付き独立（Y_1 の値が Y_2, Y_3 に影響しない）であると仮定して $P(Y_1 = y_1, Y_2 = y_2, Y_3 = y_3 \mid X)$ を積に分解します。

$$\begin{aligned} &P(Y_1 = y_1, Y_2 = y_2, Y_3 = y_3 \mid X) \\ =&P(Y_1 = y_1 \mid X)P(Y_2 = y_2 \mid X)P(Y_3 = y_3 \mid X) \end{aligned} \tag{5.11}$$

最後に分布 $P(Y_1 \mid X)$ たちはすべて同じ分布 $P(Y \mid X)$ であると仮定します。このように、複数の観測値が同じ分布に従う仮定は特に**同分布**と呼ばれます。

$$P(Y_i = y_i \mid X) = P(Y = y_i \mid X) \quad (i = 1, 2, 3) \tag{5.12}$$

(5.10)(5.11)(5.12) を合わせると (5.13) が得られます。この式では Y が 3 つの観測値を取ることを $Y = D = y_1, y_2, y_3$ と表しています。

$$P(X \mid Y = D) = \frac{P(X)\prod_{i=1}^{3} P(Y = y_i \mid X)}{P(Y = D)} \tag{5.13}$$

仮定 (5.11) と (5.12) をあわせて i.i.d. (Independent and Identically Distributed、独立同分布) と表記されることも多いです。

もうひとつの考え方は、$Y = y_1$ に対して得られた事後分布を「現在の自信」つまり新しい事前分布とし、$Y = y_2$ についても同じ推定を繰り返すというものです。ただし式に書くとわかりますが、上の独立同分布を仮定した場合と同じ結果になります。引きつづき区別のために各回の試行を確率変数 Y_1, Y_2, Y_3 で表すと、$Y = y_1$ に対する事後分布は (5.14) となります。

$$P(X \mid Y_1 = y_1) = \frac{P(Y_1 = y_1 \mid X)P(X)}{P(Y_1 = y_1)} \tag{5.14}$$

次に、$P(X \mid Y_1 = y_1)$ を事前分布として $Y_2 = y_2$ を観測したときの事後分布は (5.15) となります。

$$P(X \mid Y_1 = y_1, Y_2 = y_2) = \frac{P(Y_2 = y_2 \mid X, Y_1 = y_1)P(X \mid Y_1 = y_1)}{P(Y_2 = y_2 \mid Y_1 = y_1)} \tag{5.15}$$

$P(Y_2 = y_2 \mid X, Y_1 = y_1)$ は未知の分布ですが、条件付き独立性を仮定すると $P(Y_2 = y_2 \mid X, Y_1 = y_1) = P(Y_2 = y_2 \mid X)$ が言えます。$Y_3 = y_3$ についても同様に繰り返すことで (5.13) と同じ結果となります。

このようにベイズ確率の推定は観測値に対して一括で行っても、反復的に適用しても同じ結果になります。

5.3 ベイズ事前分布

事前分布 $P(X)$ にはどのような分布を選べばいいでしょう。

定義からわかる事前分布 $P(X)$ への制約は「起こりうるすべての X に対して $P(X)$ が 0 とならない」だけです。もし $X = x_0$ で $P(X = x_0) = 0$ とすると、どのような Y に対してもベイズ公式から $P(X = x_0 \mid Y) = 0$ と、事後確率も必ず 0 となります。

この弱い制約を満たす確率分布でさえあれば「なんでもいい」ということでしょうか。「なんでもいい」というなら、**図5.4** (a) のような「ぐにゃぐにゃな分布 $P(X)$」でもいいことになりますが、さすがにそんなわけはないでしょう。このぐにゃぐにゃ事前分布でちゃんとうまくいかないことを見てあげれば、どういう事前分布ならいいのかのヒントになるかもしれませんから、騙されたと思って一度やってみましょう。

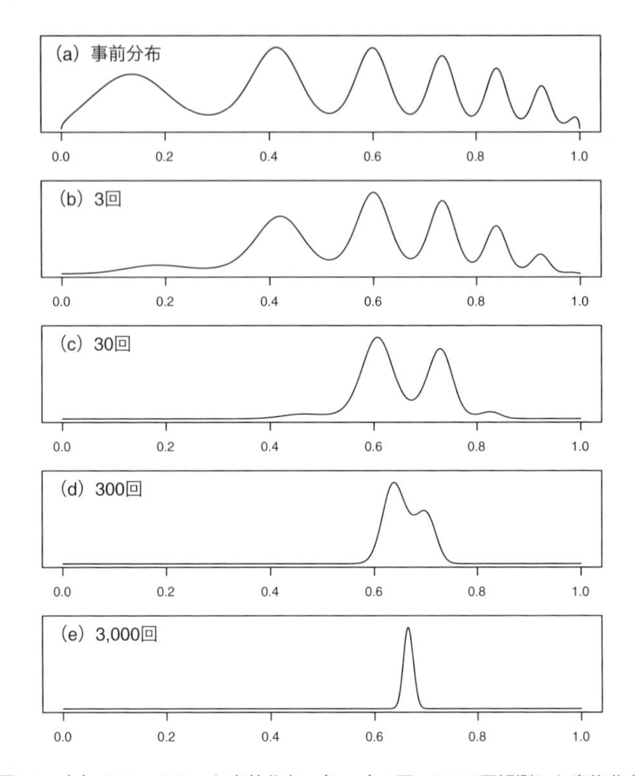

図5.4：(a) ぐにゃぐにゃな事前分布、(b〜e) 3回〜3,000回観測した事後分布

図5.4 (a) を事前分布とし、「表が出る確率が 2/3 のコイン」を 3 回投げて、そのコインの確率をベイズ確率で推定、事後分布をプロットしたのが **図5.4** (b) です。

ぐにゃぐにゃは少し減りました。特に両端はほぼつぶれてます。3 回投げて 2 回表 & 1 回裏が出たことで、確率 0.0 や 1.0 に近いところはまずないな、という自信が出てきたという感じが出ていますね。

さらに同様に、「30 回投げたら 20 回表」「300 回投げたら 200 回表」「3,000 回投げたら 2,000 回表」が出た場合の事後分布のグラフが **図5.4** (c) (d) (e) です。

回数が増えるにつれて、ぐにゃぐにゃ度がどんどん下がっていき、3,000 回ではとうとう 2/3 のところに鋭い山が 1 つあるだけの分布になりました。そういえば、これが答えでしたね。

試行の回数が少なければ、**図5.4**（b）（c）に見るように事前分布の影響が強く出ています。しかし試行の回数が十分多いと、ぐにゃぐにゃ事前分布であったとしても、事後分布はちゃんと正解を推定できてしまうようです。つまり、本当に事前分布はなんでもいいということになります。

困りました……。どちらかといえば「なんでもいい」より「事前分布はこれでなきゃダメ」「こういう事前分布がいいよ」と言ってくれるほうが嬉しいものです。

いや、この状況を良い方向で考えてみましょう。本当になんでもいいなら、「計算が楽な分布」をこちらの都合で選んでもいいはずです。

そこで、もう一度事後分布の式 (5.8)(5.9) を眺めてみましょう。

(5.9) に積分が出てきていることに注目します。一般に積分の計算はとても難しいです。「機械学習は積分との戦い」と言い切ってもいいくらい、積分をうまく計算する（あるいはうまく避ける）ことがポイントになりがちです。

もし事前分布として「積分 (5.9) を楽に計算できる or 計算しなくていい分布」を選べれば嬉しいです。そんな都合のいい分布があるでしょうか。

(5.9) の積分の中身 $P(Y \mid X=x)P(X=x)$ を見ながら具体的に考えてみます。5.1 節のコイン投げの例では、$P(Y \mid X)$ は次のような形をしていました。

$$P(Y=\text{表} \mid X=x)=x$$
$$P(Y=\text{裏} \mid X=x)=1-x$$

場合分けのある式は扱いにくいため、ここで表を $t=1$、裏を $t=0$ という数値で表現すると、$t=1,0$ に対して $P(Y \mid X)$ は場合分けなく (5.16) で表せます（この表記は 7.4 節のロジスティック回帰でも出てきます）。

$$P(Y=t \mid X=x)=x^t(1-x)^{1-t} \tag{5.16}$$

これより積分の中身は $x^t(1-x)^{1-t}P(X=x)$ となります。ここで例えば $P(X=x)$ が $x^A(1-x)^B$ のような形だったら、$P(Y=t \mid X=x)P(X=x)=x^{A+t}(1-x)^{B+1-t}$ とシンプルな形に落ち着きます。

$f(x)=x^A(1-x)^B$ は $0 \leq x \leq 1$ で $f(x) \geq 0$ は満たしますが、全事象の確率 $=1$ は満たしていませんので、積分 (5.17) を計算し、$f(x)=\frac{1}{Z}x^A(1-x)^B$

とおくことで、$f(x)$ を確率密度関数とみなせるようします。

$$Z = \int_0^1 x^A (1-x)^B dx \tag{5.17}$$

なんだ結局積分を計算しないといけないのか、と思ってしまうかもしれませんが、実は積分 (5.17) はベータ積分と呼ばれる有名な積分で、計算方法もわかっています（自分で計算しなくていい！）。こうして構築した事前分布は、ベータ積分にちなんで**ベータ分布**と名付けられ、現在は (5.18) のように定式化されています。

$$\mathrm{Beta}(x; \alpha, \beta) = \frac{1}{B(\alpha, \beta)} x^{\alpha-1} (1-x)^{\beta-1} \tag{5.18}$$

ここで $\alpha > 0, \beta > 0$ はベータ分布のパラメータ、$B(\alpha, \beta) = \int_0^1 t^{\alpha-1}(1-t)^{\beta-1} dt$ で定義されるベータ積分で、ベータ関数と呼ばれています。

事前分布にベータ分布 (5.19) を使った場合の事後分布 $P(X \mid Y)$ を計算してみましょう。

$$P(X = x) = \mathrm{Beta}(x; \alpha, \beta) \tag{5.19}$$

$Y = 1$(表) に対し、$P(X = x \mid Y = 1)$ を計算しますが、ベイズ公式でひっくり返して出てくる分母 $P(Y = 1)$ は x に依存しない定数ですので、Z と簡単に書くことにします。

$$\begin{aligned} P(X = x \mid Y = 1) &= \frac{P(Y = 1 \mid X = x) P(X = x)}{Z} \\ &= \frac{1}{Z} x \cdot \frac{1}{B(\alpha, \beta)} x^{\alpha-1} (1-x)^{\beta-1} \\ &= \frac{1}{Z \cdot B(\alpha, \beta)} x^{\alpha} (1-x)^{\beta-1} \end{aligned}$$

$Z \cdot B(\alpha, \beta)$ はやはり定数です。その値は一見計算しないとわからないように見えますが、$P(X = x \mid Y = 1)$ が確率密度関数であるために、全体を積分すると 1 になる必要があることから、

$$Z \cdot B(\alpha, \beta) = \int_0^1 x^{\alpha} (1-x)^{\beta-1} dx = B(\alpha+1, \beta)$$

となることがわかります。これは $P(X = x \mid Y = 1)$ がベータ分布 $\mathrm{Beta}(x; \alpha+1, \beta)$ に一致することを言っています。

同様に $Y=0$(裏) に対する $P(X=x \mid Y=0)$ は、以下の計算から $\mathrm{Beta}(x;\alpha,\beta+1)$ になります。

$$\begin{aligned}
P(X=x \mid Y=0) &= \frac{P(Y=0 \mid X=x)P(X=x)}{Z} \\
&= \frac{1}{Z}(1-x)\cdot\frac{1}{B(\alpha,\beta)}x^{\alpha-1}(1-x)^{\beta-1} \\
&= \frac{1}{Z\cdot B(\alpha,\beta)}x^{\alpha-1}(1-x)^{\beta} \\
&= \frac{1}{B(\alpha,\beta+1)}x^{\alpha-1}(1-x)^{\beta}
\end{aligned}$$

つまり、表が出た場合の事後分布は、事前分布と同じベータ分布で、パラメータ α が 1 増えたものになり、裏の場合は β が 1 増えたものになるということです。「積分を計算しなくていい都合のいい分布」と言ってはいましたが、ここまで何も計算しなくていいと気持ちいいですね。

しかも事後分布のベータ分布をまた「現在の事前分布」として使うことで、$Y_2, Y_3, \ldots$ と観測データが追加されるごとに事後分布を更新していくこともできます。このように事後分布も同じ形になる事前分布を特に**共役**(きょうやく)事前分布と呼びます。

コイン投げの共役事前分布はベータ分布でしたが、分布 $P(Y \mid X)$ の種類によって共役事前分布はそれぞれ異なります（例えばサイコロの共役事前分布は**ディリクレ分布**と呼ばれる分布になります）。

共役事前分布はとても便利ですが、計算が楽という理由で選んだ「都合のいい分布」であることは忘れないようにしましょう。最近は、アルゴリズムの進歩と計算機パワーの増大で共役事前分布でなくても計算できるようになってきたこと、さまざまな効果を持った便利な事前分布が考え出されてきたことなどから、共役でない事前分布が使われることも多くなっています。

Column

3 種類の確率

「確率とは何か」ということを深く考える機会はあまりありませんが、改めて考えてみると、少し不思議なことに気づきます。

- 宝くじの当選確率

- コインを投げたとき表が出る確率
- 明日、大地震が起きる確率

この3つの「確率」は同じ「確率」という名前で呼ばれていますが、同じものと言ってよいのでしょうか。

宝くじは総発行枚数と当たりの本数がわかっていますから、その当選確率は「当たりの本数/総数」で求まります。

コインは、均等で表と裏の出る割合が同じと思ってよいなら、宝くじの計算と同じように、「表(1通り)/表裏(2通り)」から、表の出る確率は1/2でしょう。でも、コインはわずかにゆがんでいるかもしれません。そんなときにはコインを何度も繰り返し投げて、例えば100回中53回表が出たら確率53/100のように求められるでしょう。正確さを高めたければ、投げる回数を増やせばよさそうです。

しかし同様に「明日、大地震が起きる確率」を求めようにも、「明日」は1回しかありませんし、試しに投げてみるわけにもいきません。日によっても違うだろうことはこの際無視して、とりあえず地震を数えるにしても、めったに起きないから時間がかかりますし、正確さを増すために回数を増やすのも無理です。地震は起きたら大変だから確率を知りたいのに、起きてからでないと確率を求められないのも悩ましいところです。

そうした違いを見ると、どうも上の3つの「確率」はそれぞれ異なっているような気がしてきます。実際、代表的な確率の考え方は3種類あり、上の3つの例はちょうどその3種類の「確率」に対応させられます。

宝くじの当選確率のような「対象となる場合の数/全体の場合の数」と定義する確率を**古典的確率**と言います。名前どおり一番古い確率です。場合の数といっても、起こる割合が明らかに違うものを数えても仕方ないので、数える対象の起こる割合が同じという仮定が必要です。その仮定のことを「同様に確からしい」と言います。高校の数学で確率をやったことのある人には、なじみのあるフレーズかもしれません。

古典的確率はわかりやすく、それが定義できるときは鉄板なのですが、全事象が数えられ、しかも「同様に確からしい」という強い仮定が必須なため、サイコロやトランプのような単純な問題にしか使えません。そこで、それらの仮定を必要としない確率として**ベイズ確率**が考えられました。先の例では「明日の大地震の確率」がベイズ確率にあたります。どんなモデルでも仮定が弱いほど計算が複雑になるように、当初はベイズ確率の計算はとても大変でした。さらに統計学の重鎮によるネガティブキャンペーンもあったりして、ベイズ確率が一般に受け入れられたのは比較的最近のことだったりします。このあたりのことに興味があれば『異端の統計学ベイズ』(シャロン・バーチュ・マグレイン 著/冨永星 訳、草思社、2013 年)を読んでみるとおもしろいでしょう。

ベイズ確率がもたもたさせられている間に、100 年ほど遅れて普及したのが**頻度確率**です。試行回数を増やすほど「起きた回数/試行回数」が真の(古典的)確率に近づいていくという性質を**大数の法則**と呼びますが、頻度確率では逆に、起きた回数/試行回数(の極限)こそが確率の定義であると考えます。コインを実際に投げて表の出る割合を確率とみなすのが頻度確率ですね。

ベイズ確率に納得していなかった人も、頻度確率なら受け入れることができ、最尤推定や実験計画法など当時の最先端の理論とともに近代統計学を形作りました。したがって、統計学で出てくる確率は頻度確率であることが多いですが、最近はベイズ確率もよく出てくるようになってきました。

統計や機械学習を普通に使って分析や予測などをするときに、これらの「確率」の違いを意識する必要はありませんが、問題を解くときに「ここで求めようとしているのは、どの確率だろう?」と考えてみることは根本の理解につながりますし、確率を楽しむという点でもおすすめです。

第6章

ベイズ線形回帰

4.5節の線形回帰の例は $(w_1, w_2, w_3, w_4) = (4.00, -16.91, 10.81, -1.68)$ のようにパラメータを具体的な値として推定していました。この「答え」はどれくらい正しいでしょう。ベイズ確率（第5章）では「答えの自信」を確率分布で表すことで、可能性の高い範囲を求められました。

線形回帰でも、ベイズ確率の考え方を応用し、パラメータの値ではなく分布を求めることで「答えの自信」を得られます。そのためにはまず、線形回帰を確率モデルにする必要があります。

6.1 ノイズの分布

線形回帰は、基底関数 $\phi_i(x)$ の線形和 (6.1) の係数 w_i を動かして、一番適した関数 $f(x)$ を探す手法でした。

$$f(x) = \boldsymbol{w}^\top \boldsymbol{\phi}(x) = \sum_{i=1}^{M} w_i \phi_i(x) \tag{6.1}$$

このとき、関数とデータ点の差（誤差）の二乗和 (6.2) が小さくなるような w_i たちを選ぶことで、データ点に近い関数 $f(x)$ を求めます。これが最小二乗法の考え方です。

$$E(\boldsymbol{w}) = \frac{1}{2} \sum_{n=1}^{N} (f(x_n) - t_n)^2 \tag{6.2}$$

線形回帰を確率モデルにするためには、(6.1) はそのままに、(6.2) の代わりに「観測されたデータ点は正確な値ではない」という考え方を導入します。計測機器に個体差があるかもしれません。気温や気圧などといった外部の要因から影響を受けることもあるでしょう。また複数人で観測する場合、計測機器の設置や読み取りに担当者のクセや気まぐれが出る、といったことも考えておいたほうがよさそうです。こうした背後にある多数の要因によって、「真の値」にノイズの加わったものが観測される、という考え方です。

$$観測値 = 真の値 + ノイズ$$

「真の値」という名前から、観測時に生じるノイズ（観測誤差や温度などによる変動）を限りなく小さくしていったときに行き着く値をイメージしてしまうかもしれません。ここで使っている「真の値」はそのようなものではなく、「モデルでピッタリ誤差なく説明できる値」です[*1]。

観測値と「真の値（＝モデルでピッタリ説明できる値)」との差はできるだけ小さいほうが望ましいでしょう。これは、「真の値」だから小さいのではなく、小さくなるようなモデルが欲しい、ということです。少々回りくどいですが、ここは大事なところです。

今後の話がしやすいように、記号を導入します。入力 x と出力 t をペアとするデータ $D = \{(x_1, t_1), \ldots, (x_N, t_N)\}$ から 1 つ選んだ (x_n, t_n) を観測値とします。線形回帰モデル $f(x)$ (6.1) が入力 $x = x_n$ のときに出力する「真の値」を $y_n = f(x_n)$ とします。残るノイズにも ϵ_n という文字を割り当てましょう。ϵ（イプシロン）は誤り（error）の e を表すギリシャ文字であるとともに、小さい（0 に近い）値を表すときによく用いられます。これらの記号を使うと「観測値 = 真の値 + ノイズ」は (6.3) のように書き直せます。

$$t_n = y_n + \epsilon_n = f(x_n) + \epsilon_n \tag{6.3}$$

観測値 x_n, t_n はわかっている具体的な値です。

真の値 $y_n = f(x_n)$ は、x_n を $\boldsymbol{w}$ で決まる関数 $f(x)$ に代入したものであり、$\boldsymbol{w}$ の関数とみなせます。その関係を明確に表したいときは $y_n(\boldsymbol{w})$ のように書くこともできます。

ノイズ ϵ_n は、観測値と真の値の差 $\epsilon_n = t_n - y_n$ です。観測値 t_n は真の値 y_n に近いことも遠いこともあるでしょうから、ϵ_n は n ごとにいろいろな値を取ります。そこでこのノイズ ϵ_n を確率で表現することで、線形回帰が確率モデルになります。ノイズの確率変数を X とするとき、X はどのような分布を持つでしょう。

観測値は真の値より大きかったり、小さかったりしつつも、できるだけ近い、似ている値であることが望ましいでしょう（「真の値」だからそうなる、ではなく、そうなるような「真の値」が欲しい、でしたね)。となると、ノイズは 0 を中心とした、中心の周りが起きやすく、中心から離れるほど起きやすさが小さくなる分布に従うと嬉しいでしょう。第 3 章で紹介した正規分布はまさにその条件を満たします。中心である平均は 0 とし、分散はわからないので σ^2 とし

[*1] 仮に「観測ノイズを 0 にしたときの値」が存在しても、観測以外の要因による変動に含まれる偏りをモデルが吸収してしまうため、本節の「真の値」とはおそらく一致しないでしょう。

ておきます (6.4)。

$$X \sim \mathcal{N}(0, \sigma^2) \tag{6.4}$$

実のところ「中心の周りが起きやすい分布」は正規分布の他にもいくつもあります。強力すぎる中心極限定理のおかげもあって「分布と言えばすべて正規分布！」という時代も本当にありましたが、データや解きたい問題によっては他の分布を選ぶことも、特に最近は珍しくありません。

今回、誤差が正規分布に従うと考えてもよい（あるいは、考えたい）理由は、そう考えられる理由付けがあることと、なにより計算が簡単になることです。このあたりの話は p.135 のコラム「誤差が正規分布に従うとは」にてもう少し説明しています。

σ^2 はノイズ X のばらつきを制御する重要なパラメータです。今は σ^2 は与えられているとして先に進みます[*2]。

さりげなく、ばらつき具合 σ^2 はデータによらず共通という仮定が入っています。線形回帰の 4.2 節で導入した「誤差独立（データに依存しない）」という仮定と同じものです。

(6.5) は以下の 2 項目を満たすことから、線形回帰の確率モデルとなります。

- 観測された (x, t) に対し、$\epsilon = t - f(x)$ の起こりやすさ（確率または確率密度）を計算できる
- 未知の x に対し、$t = f(x) + \epsilon$ を分布 $\mathcal{N}(f(x), \sigma^2)$ から予測できる

ここで $\epsilon = t - f(x)$ の起こりやすさを表すためにノイズ X の確率密度関数に登場してもらいます。f_X を使うと、すでに登場している線形回帰モデルの $f(x)$ と混同してしまうかもしれませんので、p_X と表記することにします。

$$p_X(\epsilon) = \frac{1}{\sqrt{2\pi}\sigma} \exp\left(-\frac{\epsilon^2}{2\sigma^2}\right) \tag{6.5}$$

線形回帰の確率モデルが得られましたが、これだけではまだ解けません。パラメータの良さを測るための指標と、それを一番良くするパラメータを見つける手順が必要です。

[*2] この σ のように、学習によって変化しないモデルのパラメータを**ハイパーパラメータ**と言います。ハイパーパラメータは学習で決定できないため、モデル選択（第 9 章）やハイパーパラメータそれぞれに特化した推定手法などを使って決める必要があります。正則化係数（4.6 節）もモデルの一部と考えると、ハイパーパラメータとみなせます。

Column

誤差が正規分布に従うとは

誤差に限らず、「起きるかもしれないことがら」を確率で表現するにあたって、それが正規分布に従うというモデルを立てることはとても多いです。それは連続値に限らず、明らかに離散値であるような対象（例えばテストの点数）すら含まれます。

そうしたケースの多くでは、中心極限定理によって正規分布に従うという仮定の妥当性が与えられます。3.7節の例に挙げていたテストの点数は、各設問の点数という複数の（独立な）要因の和と解釈することで、中心極限定理を当てはめていました。また例えば計測誤差なら同様に計測機器の個体差や気温や湿度などの外部の要因、計測担当者のクセなどの複数の（独立な）要因の和と考えれば、正規分布に従うとみなせます。

しかし、中心極限定理では各変数が独立であることが重要な前提でした。今挙げた要因は本当に独立でしょうか？ 例えば気温と湿度は明らかに独立ではありません。担当者が同じ好んだ機器を使いつづければ、その要因も独立ではなくなります。変数が独立ではないほど、その和は正規分布から離れていきます。

つまり、誤差が正規分布に従うことに一定の妥当性はあるが、やはり強い仮定であるということです。そしてモデルの仮定が強いほど現実の現象との差は大きくなり、デメリットとして明確に現れてしまうこともあります。

誤差の分布に正規分布を選ぶ明確なデメリットのひとつとして、「外れ値」に弱くなる、というものがあります。想定している分布に従わない値を**外れ値**と言います。外れ値は計測機器の異常や限界などの理由からデータに紛れ込みます。あるいは、データは正常だが、想定したモデルが現実よりもシンプルすぎるため、そのモデルで説明しきれないデータを外れ値扱いする、というケースも珍しくありません。誤差が正規分布に従うモデルでは、わずかな外れ値にも解が大きく引っ張られてしまい、本来求めるべき解とはまったく異なる値を推定してしまいやすいことが知られています。

正規分布の範囲はすべての実数ですが、中心（平均）から少し離れただけで山がストンと落ちていることから、実際には中心から遠いサンプルはまったくと言ってもいいくらい出ません。

機械学習の多くの問題はデータが十分多い設定であり、外れ値の影響は相対的に少ないですが、統計ではデータがとても少ない場合も珍しくなく（アンケートやインタビューでデータを集めるのは時間もお金もかかります……）、外れ値の影響は無視できません。そうした場合に正規分布とよく似た形で裾の長い「t 分布」などが代わりに使われることもよくあります。

外れ値があっても大きな影響を受けない性質を「ロバスト（頑健）性」と言います。先の t 分布など、ロバスト（頑健）性を要求されるときに使われる分布の特徴に、裾が長い（ロングテール）ことが挙げられます。正規分布のように分布の山がストンと落ちず、中心からある程度離れたところでも十分起きうる確率密度を持つことで、ロバスト性を確保しています。

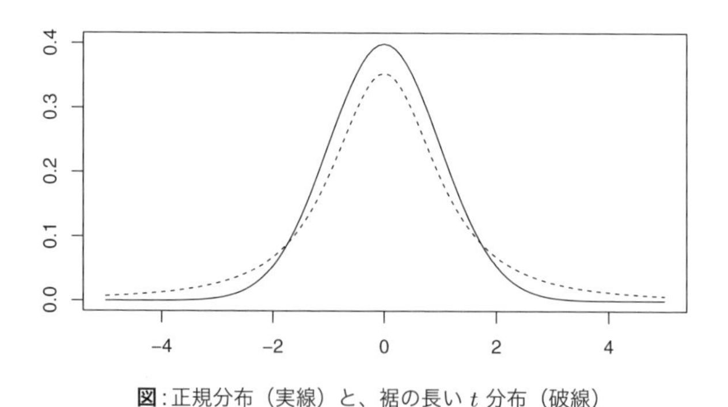

図：正規分布（実線）と、裾の長い t 分布（破線）

6.2 最尤推定

この節では確率的モデルを解く汎用的な考え方のひとつを紹介します[*3]。

まず (x_1, t_1) の1点のみが観測されている場合に、確率モデル (6.5) のパラメータ $\boldsymbol{w}$ の一番良い値を推定する方法を考えます。

パラメータ $\boldsymbol{w}$ を1つ決めるごとに、(x_1, t_1) の起こりやすさ $p_X(t_1 - f(x_1))$ が計算できます (6.6)。$p_X(t_1 - f(x_1))$ はパラメータ $\boldsymbol{w}$ を動かすと変化するので、$L_1(\boldsymbol{w}) = p_X(t_1 - f(x_1))$ のように $\boldsymbol{w}$ の関数として表しましょう。

$$
\begin{aligned}
L_1(\boldsymbol{w}) &= p_X(t_1 - f(x_1)) \\
&= \frac{1}{\sqrt{2\pi}\sigma} \exp\left\{ -\frac{\left(t_1 - \boldsymbol{w}^\top \boldsymbol{\phi}(x_1)\right)^2}{2\sigma^2} \right\}
\end{aligned}
\tag{6.6}
$$

(x_1, t_1) は観測された、実際に起きた事象ですから、その起こりやすさ $p_X(t_1 - f(x_1))$ が「まず起きないくらい小さい」ということは考えられません。したがって、$L_1(\boldsymbol{w}) = p_X(t_1 - f(x_1))$ が小さい $\boldsymbol{w}$ は除外されるべきでしょう。といっても、「$L_1(\boldsymbol{w}) < 0.1$ はダメ」のように閾値(しきい)を決めておくことなどできませんから、大きさは相対的に判断することになります。つまり、2つのパラメータ $\boldsymbol{w}_1$, $\boldsymbol{w}_2$ があって、$L_1(\boldsymbol{w}_1) > L_1(\boldsymbol{w}_2)$ のとき、起こりやすさが相対的に大きい $\boldsymbol{w}_1$ をパラメータとして採用します。これをパラメータ $\boldsymbol{w}$ の動きうる範囲全体で考えると、最後に $L_1(\boldsymbol{w})$ が最大となる $\boldsymbol{w}$ が残ります。この考え方で確率モデルを解くことを**最尤推定**(さいゆう)と言います。

最尤推定を正式な用語を使って定式化しましょう。確率変数 X とその分布 $P(X)$ を考えます。ここで X は離散確率でも連続確率でもどちらでもいいです。離散と連続の混ざった複数の確率変数からなる場合も考えられます。X の観測値 x に対して、$X = x$ の起きやすさを**尤度**(ゆうど)(尤(もっと)もらしさの度合い)と言います。X が離散の場合は確率 $P(X = x)$ を、X が連続の場合は確率密度 $f_X(x)$ を尤度とします。X が離散か連続かで場合分けをするのは面倒なので、ここではどちらの場合も $P(X = x)$ で尤度を表すことにします。

ここで複数の観測値からなるデータ $D = \{x_1, \ldots, x_N\}$ があって、各データ点は独立であると仮定します。このときデータ全体の起こりやすさ $P(D)$ は、

[*3] 本書では確率モデルの解法として最尤推定と MAP 推定 (6.3 節) のみ使いますが、他にも最大エントロピー原理などがあります。

各データ点での確率または確率密度の掛け算で定義できます (6.7)。この $P(D)$ を観測データ D に対する尤度とします。

$$P(D) = \prod_{n=1}^{N} P(X = x_n) \tag{6.7}$$

今、分布 $P(X)$ がパラメータ $\boldsymbol{w}$ で表せるとします。このとき尤度 $P(D)$ は $\boldsymbol{w}$ の関数とみなせます。それを**尤度関数**(ゆうど)と呼びます。

上の考察に従って、尤度関数が最大になるパラメータ $\boldsymbol{w}$ が「もっとも尤もらしい」パラメータと考えるのが最尤推定です。

線形回帰に話を戻すと、尤度関数は各データ点ごとの起こりやすさ $L_n(\boldsymbol{w}) = p_X(t_n - f(x_n))$ の積 $\prod_n L_n(\boldsymbol{w})$ で得られます。これが最大となる $\boldsymbol{w}$ を見つけることが目的です。そのためには、のちに説明するとおり微分を計算しますが、掛け算のままでは大変です。そこで、尤度関数 $\prod_n L_n(\boldsymbol{w})$ の対数をとり、さらに -1 倍した負の対数尤度関数 (6.8) を最小化する形で解かれることが多いです[*4]。

$$\begin{aligned} E(\boldsymbol{w}) &= -\log \prod_{n=1}^{N} L_n(\boldsymbol{w}) \\ &= \sum_{n=1}^{N} \left\{ \frac{(t_n - f(x_n))^2}{2\sigma^2} + \log \sqrt{2\pi}\sigma \right\} \\ &= \frac{1}{2\sigma^2} \sum_{n=1}^{N} \left(t_n - \boldsymbol{w}^\top \boldsymbol{\phi}(x_n) \right)^2 + N \log \sqrt{2\pi}\sigma \end{aligned} \tag{6.8}$$

これは $\boldsymbol{w}$ の 2 次関数です。第 2 項は w が含まれていないため、対数尤度関数の中ではただの定数扱いになります。

どこかで見たことのあるような式ですね。これは線形回帰を最小二乗法で解く場合の二乗和誤差の式にそっくりです。二乗和誤差の式を引用しますので、見比べてみましょう。

$$E(\boldsymbol{w}) = \frac{1}{2} \sum_{n=1}^{N} (f(x_n) - t_n)^2 = \frac{1}{2} \sum_{n=1}^{N} \left(\boldsymbol{w}^\top \boldsymbol{\phi}(x_n) - t_n \right)^2$$

---

*4 対数関数は単調増加 $a < b \Leftrightarrow \log a < \log b$ であることから、$x = a$ のとき $f(x)$ が最大/最小をとるとき、$\log f(x)$ も $x = a$ で最大/最小となります。対数尤度の符号を反転するのは、最適化法（第 8 章）が主に最小化の形で定式化されること、熱統計力学との関連を考えたときに都合が良いこと、などの理由があります。

したがって、この最小解を $\boldsymbol{w}$ での偏微分 $= 0$ の方程式を解いて得たように、確率化した線形回帰でも、(6.8) の偏微分 $= 0$ から、まったく同じ解が求まります。

すなわち、$\boldsymbol{\Phi}$ を (6.9) で定義する行列、$\boldsymbol{t}$ をベクトル $\boldsymbol{t} = (t_1 \ \cdots \ t_N)^\top$ とするとき、(6.8) を最小化する $\boldsymbol{w}$ は (6.10) で得られます。この解の導出は 4.4 節を参照してください。

$$\boldsymbol{\Phi} = \begin{pmatrix} \phi_1(x_1) & \phi_2(x_1) & \cdots & \phi_M(x_1) \\ \phi_1(x_2) & \phi_2(x_2) & \cdots & \phi_M(x_2) \\ \vdots & \vdots & \ddots & \vdots \\ \phi_1(x_N) & \phi_2(x_N) & \cdots & \phi_M(x_N) \end{pmatrix} \tag{6.9}$$

$$\boldsymbol{w} = (\boldsymbol{\Phi}^\top \boldsymbol{\Phi})^{-1} \boldsymbol{\Phi}^\top \boldsymbol{t} \tag{6.10}$$

実のところ最小二乗法にしても、確率的な線形回帰にしても、何を最適さの基準とするかは仮定でしかありません。そのとき「異なる仮定から同じ結果が導かれる」ことは、それらの仮定の選び方に一定の妥当性を与えてくれます。

6.3 ベイズ線形回帰

ベイズ線形回帰の導出

ここまでパラメータ $\boldsymbol{w}$ の値として解を求めてきました。ベイズの考え方を使って値の「自信」を得るには、「パラメータが $\boldsymbol{w}$ である」という事象を確率変数 $W = \boldsymbol{w}$ によって表し、W の分布を求める問題に読み替えます。

確率モデルの式 $p_X(\epsilon)$ (6.5) は、パラメータ $\boldsymbol{w}$ に対応するノイズ $X = \epsilon = t - f(x)$ の確率密度でしたから、式はそのまま、$W = \boldsymbol{w}$ であるときの条件付き分布 $P(X \mid W)$ の確率密度関数 $p_{X|W}(\epsilon \mid \boldsymbol{w})$ と読み替えられます。

$$\begin{aligned} p_{X|W}(\epsilon \mid \boldsymbol{w}) &= \frac{1}{\sqrt{2\pi}\sigma} \exp\left(-\frac{\epsilon^2}{2\sigma^2}\right) \\ &= \frac{1}{\sqrt{2\pi}\sigma} \exp\left\{-\frac{1}{2\sigma^2}\left(t - \boldsymbol{w}^\top \boldsymbol{\phi}(x)\right)^2\right\} \end{aligned} \tag{6.11}$$

更新前のパラメータ W の事前分布 $p_W(\boldsymbol{w})$ を条件付き分布 (6.11) を使って更新し、データ D を観測して更新された事後分布 $p_{W|D}(\boldsymbol{w} \mid \epsilon)$ を得るのがベイズの考え方です (6.12)。分布の更新を表すベイズの公式は (6.12) のようになります。

$$P(W \mid D) = \frac{P(D \mid W)P(W)}{P(D)} \tag{6.12}$$

$P(D \mid W)$ は確率モデル版の線形回帰にもそのまま出てきたデータ D の尤度（起こりやすさ）です。ベイズ化すると、「パラメータが $\boldsymbol{w}$ である」つまり $W = \boldsymbol{w}$ のときの尤度 $P(D \mid W = w)$ は確率モデルの尤度 $P(D)$ と同じ式で記述できます (6.13)。

$$\begin{aligned} P(D \mid W = w) &= \prod_{n=1}^{N} p_{X|W}(\epsilon_n \mid \boldsymbol{w}) \\ &= \prod_{n=1}^{N} \frac{1}{\sqrt{2\pi}\sigma} \exp\left\{-\frac{1}{2\sigma^2}\left(t_n - \boldsymbol{w}^\top \boldsymbol{\phi}(x_n)\right)^2\right\} \\ &= \frac{1}{(\sqrt{2\pi}\sigma)^N} \exp\left\{-\frac{1}{2\sigma^2}\sum_{n=1}^{N}\left(t_n - \boldsymbol{w}^\top \boldsymbol{\phi}(x_n)\right)^2\right\} \end{aligned} \tag{6.13}$$

事前分布 $P(W)$ は別に与える必要がありました。事前分布の選び方のポイントは、次の 2 点にまとめられます。

- データ点が多ければ、事前分布に何を選んでも同じ解に近づいていく
- 共役事前分布は計算に都合がいい

共役事前分布とは、ベイズの公式 (6.12) に (6.11) を代入したときに、$p_{W|X}(\boldsymbol{w} \mid \epsilon)$ と $p_W(\boldsymbol{w})$ が同じ形になるような分布 $p_W(\boldsymbol{w})$ でした。

この性質から、どのような分布を共役事前分布として選べるかは $p_{X|W}(\epsilon \mid \boldsymbol{w})$ によって決まります。(6.11) に対しては、共役な事前分布 $P(W)$ に正規分布を選べることがわかっています。これは、(6.11) を $\boldsymbol{w}$ の関数と見たときに、exp 関数の中に $\boldsymbol{w}$ の 2 次式が含まれる形をしていることから導けます。

$\boldsymbol{w}$ は基底関数の個数 M と同じ次元を持つベクトルですから、多次元の正規分布であり、そのパラメータの選び方はいろいろ考えられます。しかし、もともと共役事前分布を選ぶ理由は「計算が簡単」ですから、複雑なパラメータを持つ正規分布を選んで、計算が面倒になってしまっては本末転倒です。

そこで平均が0、共分散行列が単位行列の τ^2 倍という扱いやすい正規分布を選ぶことにします。τ(タウ)はアルファベットのtに対応するギリシャ文字で、sに対応する σ の次の文字です。σ はすでにノイズの分散で使われているので、代わりに τ に登場してもらいました。

$$\begin{aligned} p_W(\boldsymbol{w}) &= \mathcal{N}(\boldsymbol{w} \mid 0, \tau^2 \boldsymbol{I}) \\ &= \frac{1}{(\sqrt{2\pi}\tau)^M} \exp\left\{-\frac{1}{2}\boldsymbol{w}^\top(\tau^{-2}\boldsymbol{I})\boldsymbol{w}\right\} \end{aligned} \tag{6.14}$$

exp の中身は $\boldsymbol{w}^\top(\tau^2\boldsymbol{I})^{-1}\boldsymbol{w} = \boldsymbol{w}^\top\boldsymbol{w}/\tau^2$ のように計算もできますが、そのままのほうが次の計算が簡単なので残しています。

(6.13) と (6.14) を (6.12) に代入して、$P(W \mid D)$ の確率密度関数 $p_{W|D}(\boldsymbol{w})$ を計算しましょう (6.15)。

$$\begin{aligned} p_{W|D}(\boldsymbol{w}) &= \frac{P(D \mid W = \boldsymbol{w})p_W(\boldsymbol{w})}{P(D)} \\ &= \frac{1}{Z}\exp\left\{-\frac{1}{2\sigma^2}\sum_{n=1}^{N}\big(t_n - \boldsymbol{w}^\top\boldsymbol{\phi}(x_n)\big)^2 - \frac{1}{2}\boldsymbol{w}^\top(\tau^{-2}\boldsymbol{I})\boldsymbol{w}\right\} \end{aligned} \tag{6.15}$$

ただし $Z = P(D)(\sqrt{2\pi}\sigma)^N(\sqrt{2\pi}\tau)^M$ です。$P(D)$ も計算できますが、今は置いときます。Z が $\boldsymbol{w}$ によらないので、確率密度関数 $p_{W|D}(\boldsymbol{w})$ は exp の中身だけで決まります。

(6.15) の exp の中にある $\sum_n \big(t_n - \boldsymbol{w}^\top\boldsymbol{\phi}(x_n)\big)^2$ はこのままでは計算できないので、まず以下のように展開します。

$$\sum_{n=1}^{N}\big(t_n - \boldsymbol{w}^\top\boldsymbol{\phi}(x_n)\big)^2 = \sum_{n=1}^{N}\left\{t_n^2 - 2t_n\boldsymbol{w}^\top\boldsymbol{\phi}(x_n) + \big(\boldsymbol{w}^\top\boldsymbol{\phi}(x_n)\big)^2\right\} \tag{6.16}$$

(6.16) 右辺の $\sum_n$ の中の第1項は $\boldsymbol{t}^\top\boldsymbol{t}$ です。

$$\sum_{n=1}^{N} t_n^2 = \boldsymbol{t}^\top\boldsymbol{t}$$

第2項は、前節の行列 $\boldsymbol{\Phi}$ (6.9) を使って、$2\boldsymbol{w}^\top\boldsymbol{\Phi}^\top\boldsymbol{t}$ と書けます。

$$\begin{aligned}\sum_{n=1}^{N} 2t_n \boldsymbol{w}^\top \boldsymbol{\phi}(x_n) &= \sum_{n=1}^{N} 2t_n \sum_{i=1}^{M} w_i \phi_i(x_n) \\ &= 2\sum_{n=1}^{N}\sum_{i=1}^{M} w_i \phi_{ni} t_n \\ &= 2\boldsymbol{w}^\top \boldsymbol{\Phi}^\top \boldsymbol{t}\end{aligned} \tag{6.17}$$

行列の積の性質を利用するとこの変形を簡単に導けます。行列 A の (i,j) 要素を a_{ij} のように書くとき、

$$(\boldsymbol{AB})_{ij} = \sum_{\bullet} a_{i\bullet} b_{\bullet j}$$

となるように $\sum$ の中の要素を並び替えることで、要素の積と行列の積の順序が一致します（$\bullet$ は同一の添字を表します）。また、N 次ベクトルも N 行 1 列の行列と考えることで同様に計算できます（A.1 節）。

そこで $\boldsymbol{\Phi}$ の (n,i) 要素が $\phi_{ni} = \phi_i(x_n)$ であること、転置行列を取れば添字の順序を逆にできることに注意しながら、和を取る添字が隣り合う要素で組になるように並び替えると (6.17)、$\boldsymbol{w}^\top \boldsymbol{\Phi t}$ という順序の行列の積で表せることがわかります。

同様に、(6.16) の $\sum_n$ の中の第 3 項も行列の積に書き直しましょう。

$$\begin{aligned}\sum_{n=1}^{N} \left(\boldsymbol{w}^\top \boldsymbol{\phi}(x_n)\right)^2 &= \sum_{n=1}^{N} \left(\sum_{i=1}^{M} w_i \phi_i(x_n)\right)\left(\sum_{j=1}^{M} w_j \phi_j(x_n)\right) \\ &= \sum_{n=1}^{N}\sum_{i=1}^{M}\sum_{j=1}^{M} w_i \phi_{ni} \phi_{nj} w_j \\ &= \boldsymbol{w}^\top \boldsymbol{\Phi}^\top \boldsymbol{\Phi w}\end{aligned}$$

これらにより、(6.15) の exp の中身は以下のように計算できます。

$$\begin{aligned}& -\frac{1}{2\sigma^2}\sum_{n=1}^{N}\left(t_n - \boldsymbol{w}^\top \boldsymbol{\phi}(x_n)\right)^2 - \frac{1}{2}\boldsymbol{w}^\top(\tau^{-2}\boldsymbol{I})\boldsymbol{w} \\ &= -\frac{1}{2\sigma^2}\left(\boldsymbol{t}^\top \boldsymbol{t} - 2\boldsymbol{w}^\top \boldsymbol{\Phi}^\top \boldsymbol{t} + \boldsymbol{w}^\top \boldsymbol{\Phi}^\top \boldsymbol{\Phi w}\right) - \frac{1}{2}\boldsymbol{w}^\top(\tau^{-2}\boldsymbol{I})\boldsymbol{w} \\ &= -\frac{1}{2}\left\{\sigma^{-2}\boldsymbol{t}^\top \boldsymbol{t} - 2\sigma^{-2}\boldsymbol{w}^\top \boldsymbol{\Phi}^\top \boldsymbol{t} + \boldsymbol{w}^\top(\sigma^{-2}\boldsymbol{\Phi}^\top \boldsymbol{\Phi} + \tau^{-2}\boldsymbol{I})\boldsymbol{w}\right\}\end{aligned} \tag{6.18}$$

(6.18) は事後分布 $p_{W|D}(\boldsymbol{w})$ の exp の中身でした。そしてこの分布は共役事前分布 p_W に対応する事後分布なので、同じ正規分布の形になることが期待されます。(6.18) と正規分布の一般形を見比べると、$w^\top(\sigma^{-2}\boldsymbol{\Phi}^\top\boldsymbol{\Phi}+\tau^{-2}\boldsymbol{I})\boldsymbol{w}$ は期待どおりの形をしていますが、残りの 2 項がジャマです。$\sigma^{-2}\boldsymbol{t}^\top\boldsymbol{t}$ は $\boldsymbol{w}$ から見て定数なので、exp の外に追い出して Z に組み込んでしまえば無視できます。

$2\sigma^{-2}\boldsymbol{w}^\top\boldsymbol{\Phi}^\top\boldsymbol{t}$ は $\boldsymbol{w}$ の 1 次式ですから、無視するわけにはいきません。正規分布の一般形ともう一度見比べて、

$$
\begin{aligned}
&(\text{定数}) - 2\sigma^{-2}\boldsymbol{w}^\top\boldsymbol{\Phi}^\top\boldsymbol{t} + \boldsymbol{w}^\top(\sigma^{-2}\boldsymbol{\Phi}^\top\boldsymbol{\Phi}+\tau^{-2}\boldsymbol{I})\boldsymbol{w} \\
=&(\boldsymbol{w}-\boldsymbol{\mu})^\top\boldsymbol{\Sigma}^{-1}(\boldsymbol{w}-\boldsymbol{\mu}) \qquad (6.19)
\end{aligned}
$$

が成り立つ対称行列 $\boldsymbol{\Sigma}$ とベクトル $\boldsymbol{\mu}$ を見つけられれば、また定数を exp の外に追い出すことで正規分布の一般形になります。

$\boldsymbol{\Sigma}$ が対称行列なので、$\left(\boldsymbol{\mu}^\top\boldsymbol{\Sigma}^{-1}\boldsymbol{w}\right)^\top = \boldsymbol{w}^\top\boldsymbol{\Sigma}^{-1}\boldsymbol{\mu}$ であることに注意しながら右辺を展開すると、

$$
\begin{aligned}
&(\boldsymbol{w}-\boldsymbol{\mu})^\top\boldsymbol{\Sigma}^{-1}(\boldsymbol{w}-\boldsymbol{\mu}) \\
=&\boldsymbol{\mu}^\top\boldsymbol{\Sigma}^{-1}\boldsymbol{\mu} - \boldsymbol{w}^\top\boldsymbol{\Sigma}^{-1}\boldsymbol{\mu} - \boldsymbol{\mu}^\top\boldsymbol{\Sigma}^{-1}\boldsymbol{w} + \boldsymbol{w}^\top\boldsymbol{\Sigma}^{-1}\boldsymbol{w} \\
=&\boldsymbol{\mu}^\top\boldsymbol{\Sigma}^{-1}\boldsymbol{\mu} - 2\boldsymbol{w}^\top\boldsymbol{\Sigma}^{-1}\boldsymbol{\mu} + \boldsymbol{w}^\top\boldsymbol{\Sigma}^{-1}\boldsymbol{w} \qquad (6.20)
\end{aligned}
$$

(6.19) の左辺と (6.20) を見比べると、

$$
\begin{cases}
\boldsymbol{\Sigma}^{-1} = \sigma^{-2}\boldsymbol{\Phi}^\top\boldsymbol{\Phi} + \tau^{-2}\boldsymbol{I} \\
\boldsymbol{\Sigma}^{-1}\boldsymbol{\mu} = \sigma^{-2}\boldsymbol{\Phi}^\top\boldsymbol{t}
\end{cases}
$$

とわかります。第 2 式の左から $\boldsymbol{\Sigma}$ を掛けると、$\boldsymbol{\mu} = \sigma^{-2}\boldsymbol{\Sigma}\boldsymbol{\Phi}^\top\boldsymbol{t}$ となり、これで exp の中身が正規分布と同じ形で書けました。

あとは $p_{W|D}(\boldsymbol{w})$ の式の先頭の $\frac{1}{Z}$ を計算するだけです。exp の中から定数項を追い出して Z に組み込むことで、最初の Z とは異なる値になっていますから、Z' と表記しましょう (6.21)。

$$
p_{W|D}(\boldsymbol{w}) = \frac{1}{Z'}\exp\left\{-\frac{1}{2}(\boldsymbol{w}-\boldsymbol{\mu})^\top\boldsymbol{\Sigma}^{-1}(\boldsymbol{w}-\boldsymbol{\mu})\right\}, \qquad (6.21)
$$

$$
\text{ただし } \boldsymbol{\Sigma}^{-1} = \sigma^{-2}\boldsymbol{\Phi}^\top\boldsymbol{\Phi} + \tau^{-2}\boldsymbol{I},\ \boldsymbol{\mu} = \sigma^{-2}\boldsymbol{\Sigma}\boldsymbol{\Phi}^\top\boldsymbol{t}
$$

しかしここで、$p_{W|D}(\boldsymbol{w})$ は事後分布の確率密度関数になること、そして $\frac{1}{Z}\exp(\sim)$ の形の確率密度関数は、exp の中身だけで決まるという話を思い出してください（3.2 節）。そのときの Z は $\exp(\sim)$ を積分したものであり、正規化定数と呼ばれていました。したがって (6.21) の正規化定数 Z も exp の積分となり、一般の正規分布の正規化定数 $Z = (2\pi)^{D/2} \mid \boldsymbol{\Sigma} \mid^{1/2}$ に他なりません。

このように、計算するものが確率密度関数であることがわかっている場合には、その変数（今の例では $\boldsymbol{w}$）が関係しない項は計算しなくてもよいことが多いです。これを数式で表すとき、(6.18) のように exp の中身だけを計算するときは定数項を計算しない値として、定数（constant）を意味する Const. にまとめることがよく行われます。

$$2\sigma^{-2}\boldsymbol{w}^\top\boldsymbol{\Phi}^\top\boldsymbol{t} + \boldsymbol{w}^\top(\sigma^{-2}\boldsymbol{\Phi}^\top\boldsymbol{\Phi} + \tau^{-2}\boldsymbol{I})\boldsymbol{w} + \text{Const.}$$

また確率密度関数を扱うときは、$\frac{1}{Z}$ という表記も使いますが、ここまでの計算で何度もしていたように定数を exp の外にくくり出すたびに Z の値が変わるのを嫌って、$\propto$（比例）の記号を使って定数倍の表記をサボることもできます。

$$p_{W|D}(\boldsymbol{w}) \propto \exp\left\{-\frac{1}{2}(\boldsymbol{w}-\boldsymbol{\mu})^\top\boldsymbol{\Sigma}^{-1}(\boldsymbol{w}-\boldsymbol{\mu})\right\}$$

正規化定数を省くこの表記は、分布の本質的な項のみの表示になる点も好まれています。また、この一連の計算は、事前分布 $P(W)$ に正規分布を選んでおくと、たしかに事後分布 $P(W \mid D)$ も正規分布になることも示しています。

ベイズ線形回帰の例

4.7 節の正則化付きの線形回帰で使った例題を実際にベイズで解いて、「解の自信」を見てみましょう。

$$(x, t) = (0.0, 4.0), (2.0, 0.0), (3.9, 3.0), (4.0, 2.0) \tag{6.22}$$

(6.22) のデータ D と、4 個の基底関数 $\phi_1(x) = 1$, $\phi_2(x) = x$, $\phi_3(x) = x^2$, $\phi_4(x) = x^3$ に対し、正則化係数に $\lambda = 0.01$ を選んだときの線形回帰の解は $\boldsymbol{w} = (3.91 \ \ -4.51 \ 1.57 \ \ -0.13)^\top$ から、求める関数は $y = 3.91 - 4.51x + 1.57x^2 - 0.13x^3$ でした。

これをベイズで解くためには、あらかじめノイズの分散 σ^2 と事前分布の分散 τ^2 を決める必要があります。ここではひとまず $\sigma^2 = 0.01, \tau^2 = 1$ としておきます（あとでこの値を選んだ種明かしをします）。このデータと基底関数に対応する、各点での基底関数の値 $\phi_{in} = \phi_i(x_n)$ を並べた行列 $\mathbf{\Phi}$ は以下のようになります。

$$\mathbf{\Phi} = \begin{pmatrix} \phi_{11} & \phi_{12} & \phi_{13} & \phi_{14} \\ \phi_{21} & \phi_{22} & \phi_{23} & \phi_{24} \\ \phi_{31} & \phi_{32} & \phi_{33} & \phi_{34} \\ \phi_{41} & \phi_{42} & \phi_{43} & \phi_{44} \end{pmatrix} = \begin{pmatrix} 1 & 0 & 0 & 0 \\ 1 & 2 & 2^2 & 2^3 \\ 1 & 3.9 & 3.9^2 & 3.9^3 \\ 1 & 4 & 4^2 & 4^3 \end{pmatrix}$$

このとき、事後分布 $P(W \mid D)$ は (6.23) の $\boldsymbol{\mu}, \mathbf{\Sigma}$ を使って、正規分布 $\mathcal{N}(\boldsymbol{\mu}, \mathbf{\Sigma})$ で表せます。

$$\begin{aligned} \mathbf{\Sigma} &= \left(\sigma^{-2}\mathbf{\Phi}^\top\mathbf{\Phi} + \tau^{-2}\boldsymbol{I}\right)^{-1} \\ &= \begin{pmatrix} 401.0 & 990.0 & 3521.0 & 13131.9 \\ 990.0 & 3522.0 & 13131.9 & 50334.4 \\ 3521.0 & 13131.9 & 50335.4 & 195824.2 \\ 13131.9 & 50334.4 & 195824.2 & 767875.4 \end{pmatrix}^{-1} \\ &= \begin{pmatrix} 0.0099 & -0.0039 & -0.0014 & 0.0004 \\ -0.0039 & 0.4924 & -0.3657 & 0.0611 \\ -0.0014 & -0.3657 & 0.2760 & -0.0464 \\ 0.0004 & 0.0611 & -0.0464 & 0.0078 \end{pmatrix}, \\ \boldsymbol{\mu} &= \sigma^{-2}\mathbf{\Sigma}\mathbf{\Phi}^\top\boldsymbol{t} = \begin{pmatrix} 3.91 \\ -4.51 \\ 1.57 \\ -0.13 \end{pmatrix} \end{aligned} \tag{6.23}$$

こうして事後分布 $P(W \mid D)$ が $\mathcal{N}(\boldsymbol{\mu} \mid \mathbf{\Sigma})$ と求まりました。分布の様子を直感的に把握するにはプロットするのが一番ですが、この分布の次元は基底関数の個数、今回の例では 4 次元となり、単純に図示することはできません。

そこでその代わりに、4 次元ベクトル W の各要素を (W_1, W_2, W_3, W_4) とし、W_i ごとの周辺分布をプロットします（**図6.1**）。なお W_i は平均に $\boldsymbol{\mu}$ の第

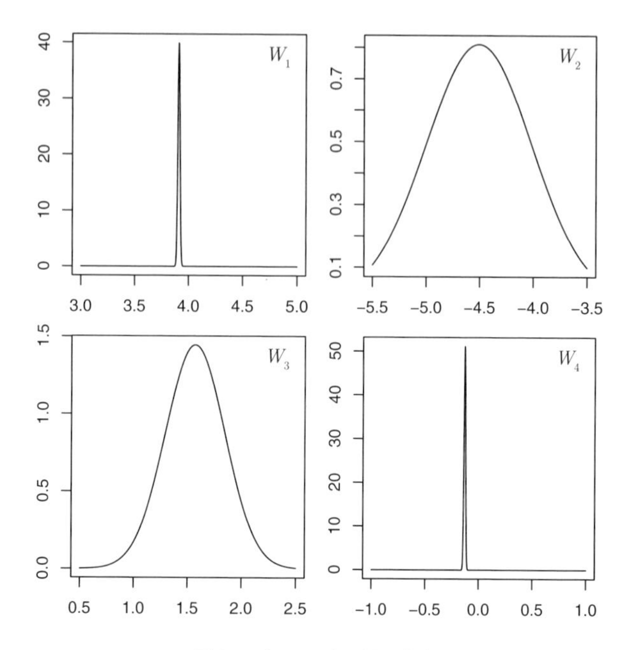

図6.1：パラメータの周辺分布

i 成分 μ_i を、分散に $\mathbf{\Sigma}$ の (i,i) 成分 σ_{ii} を持つ正規分布 $\mathcal{N}(\mu_i, \sigma_{ii})$ に従います（3.8 節参照）。

図6.1 の W_1 から W_4 の各グラフは、中心の位置と縦軸のスケールはそれぞれ違うものの、横幅は等しく 2 としています。各パラメータ推定の自信の度合いをグラフの尖り具合や縦軸の目盛りから読み取れます。

ベイズを使って解いた場合でも、例えば $f(x) = \boldsymbol{w}^\top \boldsymbol{\phi}(x)$ に値を代入して関数を得たいなど、パラメータの値が具体的に欲しいときがあります。そういうときは、事後分布 $P(W \mid D)$ から代表となる値を選んで、パラメータの推定値とします。その代表値に確率（または確率密度）のもっとも大きい点を選ぶことを **MAP 推定**（Maximum a Posteriori、事後分布最大化）、分布の平均を選ぶことを**ベイズ推定**と言います。

正規分布の場合はベイズ推定解と MAP 推定解は一致しますが、一般の分布では必ずしも一致しません。例えば二項分布 Binom(2, 0.9) の平均は 1.8 ですが、もっとも確率の高い事象は 2 であり、1.8 が起きる確率は 0 です。連続分布でも、例えば 5.3 節で紹介したベータ分布 $\mathrm{Beta}(\alpha, \beta)$ の平均は $\alpha/(\alpha+\beta)$ ですが、確率密度が最大となるのは $(\alpha-1)/(\alpha+\beta-2)$ のときであり、一般に一致しません。このように平均の「起こりやすさ（自信）」は小さかったり、0 であったりと、実現値であるパラメータ $\boldsymbol{w}$ の推定値として適していないこともあるため、主に MAP 推定解が好んで用いられます[*5]。

ベイズ線形回帰の MAP 推定解（＝ベイズ推定解）は、事後分布 $\mathcal{N}(\boldsymbol{\mu}, \boldsymbol{\Sigma})$ の平均 μ です。上の例題では $\boldsymbol{w} = (3.91\ \ -4.51\ 1.57\ \ -0.13)^\top$ であり、このとき求める関数は $y = 3.91 - 4.51x + 1.57x^2 - 0.13x^3$ となります。実はこれ、本節の冒頭で正則化係数に $\lambda = 0.01$ を選んだときの線形回帰の解と同じです。

正則化あり線形回帰の解法 (6.24) と、事後分布の平均を求める式 (6.25) を見比べてみましょう。

$$\boldsymbol{w} = \left(\lambda \boldsymbol{I} + \boldsymbol{\Phi}^\top \boldsymbol{\Phi}\right)^{-1} \boldsymbol{\Phi}^\top \boldsymbol{t} \tag{6.24}$$

$$\boldsymbol{\mu} = \sigma^{-2} \left(\sigma^{-2} \boldsymbol{\Phi}^\top \boldsymbol{\Phi} + \tau^{-2} \boldsymbol{I}\right)^{-1} \boldsymbol{\Phi}^\top \boldsymbol{t} \tag{6.25}$$

(6.25) の σ^{-2} をカッコの中に入れると、$\lambda = \sigma^2/\tau^2$ のとき (6.24) と (6.25) の右辺は同じになります。つまり今回使った $\sigma^2 = 0.01$, $\tau^2 = 1$ には $\lambda = \sigma^2/\tau^2 = 0.01$ が対応し、したがって 2 つの解は一致します。

異なる仮定から同じ解やモデルが導かれることは、それらの仮定の選び方に妥当性を与えてくれます。しかしこの場合は、ベイズの導入で計算がかなり複雑になったにもかかわらず、シンプルな正則化ありと同じ解が求まっただけ、で終わってしまっては嬉しくありません。次節では、ベイズの強力な応用を見ていきましょう。

6.4 ベイズ予測分布

先ほど MAP 推定解を使って具体的な関数を 1 つ求めましたが、パラメータに「自信」を考えたように、関数にも「自信」があるはずです。$t = \boldsymbol{w}^\top \boldsymbol{\phi}(x) + \epsilon$ において、$\boldsymbol{w}$ と ϵ が分布を持つなら t も分布を持つので、その分布を記述するアプローチで考えます。

[*5] 本書では紹介していませんが、MCMC などモンテカルロ法を使った解法では、分布をサンプルの集合として求めるため MAP 解を求めることが難しく、サンプルの平均をベイズ解の推定値として用います。

x を固定すると $\phi_i(x)$ たちは定数であり、t は w_i たちを $\phi_i(x)$ 倍して足したものと考えられます。

$$t = \boldsymbol{w}^\top \boldsymbol{\phi}(x) + \epsilon = \sum_{i=1}^{M} \phi_i(x) w_i + \epsilon$$

ここで t の値の分布を確率変数 Y、w_i を確率変数 W_i、ϵ を X で表すと、Y は W_i たちと X の和で書けます。

$$Y = \sum_{i=1}^{M} \phi_i(x) W_i + X$$

この W は前節で計算した $\mathcal{N}(\boldsymbol{\mu}, \boldsymbol{\Sigma})$ に従いますし、ノイズ X は $\mathcal{N}(0, \sigma^2)$ に従います。3.7 節で説明していたとおり、W_i たちと X が正規分布に従うなら、その和の Y も正規分布であり、その平均と分散は 3.4 節で示した方法で計算できます[*6]。

$$\begin{aligned}
E(Y) &= E\left(\sum_{i=1}^{M} \phi_i(x) W_i + X\right) = \sum_{i=1}^{M} \phi_i(x) E\left(W_i\right) + E(X) \\
&= \sum_{i=1}^{M} \phi_i(x) \mu_i = \boldsymbol{\mu}^\top \boldsymbol{\phi}(x) \\
V(Y) &= V\left(\sum_{i=1}^{M} \phi_i(x) W_i + X\right) \\
&= \sum_{i,j} \mathrm{Cov}(\phi_i(x) W_i, \phi_j(x) W_j) + V(X) \\
&= \sum_{i,j} \phi_i(x) \phi_j(x) \mathrm{Cov}(W_i, W_j) + \sigma^2 \\
&= \boldsymbol{\phi}(x)^\top \boldsymbol{\Sigma} \boldsymbol{\phi}(x) + \sigma^2 \qquad (6.26)
\end{aligned}$$

$\mathrm{Cov}(W_i, X)$ などの項も出てきますが、ノイズと真の値が独立（したがって W_i と X も独立）の仮定から $\mathrm{Cov}(W_i, X) = 0$ となって消えます。(6.26) の

[*6] 3.4 節の計算から、定数 a, b に対し $\mathrm{Cov}(aX, bY) = ab\mathrm{Cov}(X, Y)$ が成り立つこと、N 個の確率変数 $X_1, \ldots, X_N$ の和に対し、その分散は $V(X_1 + \cdots + X_N) = \sum_{i,j} \mathrm{Cov}(X_i, X_j)$ となることが言えます。

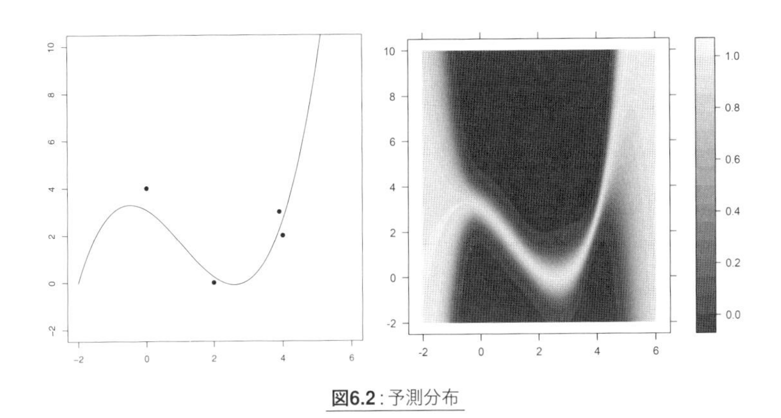

図6.2：予測分布

最後の行は、$\mathrm{Cov}(W_i, W_j)$ は共分散行列 $\boldsymbol{\Sigma}$ の (i, j) 成分に等しいことを使いました（3.8 節）。

こうして x に対応する観測値 t は分布 $\mathcal{N}\left(\boldsymbol{\mu}^\top \boldsymbol{\phi}(x), \boldsymbol{\phi}(x)^\top \boldsymbol{\Sigma} \boldsymbol{\phi}(x) + \sigma^2\right)$ に従うことが導かれました。このような予測値の分布を**予測分布**と言います。

前節のデータ (6.22) と 3 次の多項式基底に対し、ノイズと事前分布の分散を $\sigma^2 = 0.25$, $\tau^2 = 1.0$ としたときのベイズ線形回帰の MAP 解（＝正則化係数 0.25 の解）によって決まる関数をプロットしたものが**図6.2** 左、予測分布の確率密度を濃淡で表したものが**図6.2** 右となります*7。

この予測分布は、x を 1 つ決めるごとに $Y = t$ の 1 次元の正規分布（**図6.2** 右の縦方向）が対応しています。図の白がそれぞれの分布の中心（自信の高い点）を表し、上下に行くと確率密度（自信）が下がります。MAP 解（左図）は予測分布（右図）の一番高いところをプロットしたものにあたります。白いエリアの幅が狭いところは MAP 解の自信が高く、他の値を取る可能性がほとんどないことを表しています。逆に白いエリアの幅が広いところは MAP 解の自信が低く、他の値を取る可能性も大きいことを表しています。

それらを踏まえて予測分布の図を読み解くと、データが密にある $x = 4$ の付近は白エリアの幅が狭く、1 点ずつしかない $x = 0$ や $x = 2$ は少し幅が広がっており、データの個数が推定の自信（ベイズ確率）に大きな影響があることがわかります。そして $x < -1$ や $x > 5$ というデータがまったくない範囲は、ど

*7　各 x ごとに確率密度の最大値が 1.0 になるように定数倍した値をプロットしています。

のような値を取るべきかほとんどわからないということが読み取れます。

これらの情報は左図のMAP解（＝通常の線形回帰の正則化解）にはありません。ベイズを用いることで、豊富な情報をもとに予測することが可能となり、モデルの有用性や性能の向上を図れます。

第7章

分類問題

分類問題

データのカテゴリーやラベルを推定する**分類問題**は、機械学習の代表的な問題のひとつです。分類問題のモデルは**分類器**とも呼ばれます。

新聞やブログの記事を「政治」「経済」「社会」「技術」などのカテゴリーに分類する例がわかりやすいでしょう。メールをスパムとスパム以外に分類するのも分類問題です。

そうした「いかにも分類問題」な応用以外にも、一見そう見えない現実の多くの問題が分類問題として解かれています（**表7.1**）。

例えば「画像に写っている生き物は何か」は画像を動物に分類する問題ですし、顔認識は「画像のそれぞれの範囲に顔が写っているかどうか」という分類問題として解釈できます。日本語の自然言語処理では分かち書き（テキストを単語ごとに切り分ける処理）が必須ですが、これも「文字と文字の間が単語の切れ目かそうでないか」を分類して解きます。

機械学習の応用と言われる多くの問題は、このように分類問題として解かれており、そのため分類問題は応用先に応じてさまざまなモデルが提案されています。

この章では、そのような分類モデルの中からナイーブベイズ分類器とパーセプトロン、そしてロジスティック回帰を紹介します。

問題	対象	カテゴリー
文書分類	文書	技術、スポーツ、政治……
スパムフィルター	メール	スパム、スパム以外
物体認識	画像	イヌ、ネコ、人……
顔認識	画像の部分領域	顔が写っている、写っていない
分かち書き	文字のすき間	単語に分かれるか、分かれないか
合否判定	模試の点数、志望校	合格、不合格

表7.1：分類問題の例

7.1 ナイーブベイズ分類器

ナイーブベイズ分類器の導出

ナイーブベイズ分類器は機械学習や自然言語処理の教科書で決まって取り上げられる易しいシンプルなモデルです。実装しやすく高速ながら応用も幅広く、多くの分析で使われたり実際のアプリケーションに組み込まれることも多いです。

ナイーブベイズ分類器は特に**文書分類**によく用いられます。文書分類とは、文書がどのカテゴリーに属するか推定する問題です。ここでは、ニュース記事をイメージした文書を技術・スポーツ・政治の3個のカテゴリーに分類する問題を例に説明していきます（**表7.2**）。

ナイーブベイズ分類器は「ベイズ」の名前が入っているように、確率を使ったモデルです。

確率変数 X を分類したい対象である文書、確率変数 C をそのカテゴリーに割り当てます。カテゴリー C は**表7.2**の例のとおり、技術・スポーツ・政治の3つの値のいずれかを取るとします。

文書分類問題で求めたいのは、文書 X が「消費税増税を見送り」のときのカテゴリー C の値（または分布）です。つまり「確率変数 X が指定されているときの C の確率」ですから、条件付き確率 $P(C \mid X)$ で表せそうです（2.4節）。

このように確率を使った分類問題の定式化では、カテゴリーの信頼度を条件付き確率分布 $P(C \mid X)$ で表し、確率 $P(C = c \mid X = x)$ が一番大きい $C = c$ を文書 $X = x$ の推定カテゴリーとします。

$P(C \mid X)$ は、X がどれか1つのカテゴリーにのみ属するという仮定のもと

文書 X	カテゴリー C
人工知能で人の表情を読み取る	技術
値千金の逆転ホームラン	スポーツ
消費税増税を見送り	政治

表7.2：文書分類の例

で、そのカテゴリーが C と信じられる度合い（信頼度）を表すベイズ確率分布になります。

文書 $x =$「消費税増税を見送り」をカテゴリーに分類する例で考えてみましょう。技術・スポーツ・政治の各 C に対して $P(C \mid X = x)$ を「なんらかの方法」で計算したときの結果が (7.1) だったとしましょう。このとき $C =$ 政治 が一番大きい確率を持つので、それを $X =$「消費税増税を見送り」のカテゴリーとして推定します。

$$\begin{cases} P(C = \text{技術} \mid X = \text{消費税増税を見送り}) & = 0.04 \\ P(C = \text{スポーツ} \mid X = \text{消費税増税を見送り}) & = 0.08 \\ P(C = \text{政治} \mid X = \text{消費税増税を見送り}) & = 0.88 \end{cases} \tag{7.1}$$

よく勘違いされますが、(7.1) を「文書の中の 88%が政治、8%がスポーツ、4%が技術の話題」などと解釈することはできません。特に文書分類では「サッカーワールドカップの勝敗を人工知能が的中」のような複数のカテゴリーにまたがる文書も扱いますので、カテゴリーの混ざり具合を予測したい気持ちはよくわかりますが、$P(C = c \mid X = x)$ は「文書が $X = x$ のときカテゴリーが $C = c$ であるという事象」が起きるベイズ確率（自信）であり、上のような解釈はモデルの目的外利用（人体模型を歩かせている）にあたります。

この条件付き確率 $P(C \mid X)$ を考えることが分類問題を確率で解く枠組みになります。$P(C \mid X)$ の計算方法はモデルごとに変わります。以降では**ナイーブベイズ分類器**モデル、あるいは**ベイジアンフィルタ**と呼ばれる $P(C \mid X)$ の計算方法を説明します。

まずベイズの公式を使って $P(C \mid X)$ を変形します (7.2)。

$$P(C \mid X) = \frac{P(C, X)}{P(X)} = \frac{P(C)P(X \mid C)}{P(X)} \tag{7.2}$$

文書 $X = x$ に対して、$P(C = c \mid X = x)$ が一番大きくなる $C = c$ が推定された予測カテゴリーです。そのとき分母に出てくる $P(X = x)$ はカテゴリー c を含んでいないため定数として扱えます。より端的に言うと、$P(X = x)$ を取り除いても「$P(C = c \mid X = x)$ が一番大きい $C = c$」は変わりません。

そこでベイズ線形回帰でも登場した $\propto$ （比例、定数倍を意味する記号）を

使って $P(X)$ を取り除いた形の本質的な表記 (7.3) が好まれています[*1]。

$$P(C \mid X) \propto P(C, X) = P(C)P(X \mid C) \tag{7.3}$$

(7.3) を計算するには $P(C)$ と $P(X \mid C)$ が必要です。

$P(C)$ は第 5 章で紹介したベイズ確率の事前分布です。事前分布とはなんだったか思い出すと、「あらかじめ用意する必要がある、なんでもよい確率分布」でしたね。つまり $P(C)$ を何にするかは、実際に問題を解く人に任されます。この場合の事前分布 $P(C)$ の選び方として、代表的な 2 パターンを紹介しておきましょう[*2]。

1 つ目のパターンは、すべてのカテゴリーが一様な確率を持つように $P(C)$ を決めることです。2 つ目のパターンは、実際のカテゴリーごとの記事の割合をそのまま $P(C)$ とすることです。

カテゴリーごとの記事数の偏りがなかったり、事前にわからない場合には、一様な事前分布が用いられることが多いです。しかし分類対象が例えばスポーツ新聞の記事だったとすると、スポーツカテゴリーの文書が多く、それ以外は少ないでしょう。経済誌の記事なら逆に、技術カテゴリーの記事のほうがスポーツの記事より多くなりそうです。このような場合は、「実際に分類したい文書のカテゴリーの割合」という事前知識を $P(C)$ に反映すると、分類の性能が上がりやすいことが知られています。

残る $P(X \mid C)$ について考えます。$P(X = x \mid C = c)$ はカテゴリー $C = c$ での文書 $X = x$ の確率です。「文書の確率」ってどうやって計算しましょう？

ひとつの考え方は、文書のサイコロを作るというものです。まず、ありとあらゆる文書を集めるところを想像してください。現在や過去の文書だけではなく、未来のまだ書かれていないものも含めた、本当にすべての文書です。それらのすべての文書が各面に書かれたサイコロを投げて、お目当ての文書 x が出てくる確率が $P(X = x)$ です。$P(X \mid C = c)$ を求めたいなら、サイコロにカテゴリー c についての文書のみを書けばよいでしょう。

---

*1　事前分布 $P(C)$ が一様分布と決まっている場合は、さらに $P(C)$ も定数として省かれることもあります。

*2　ここに挙げた以外にも、訓練データに対して尤度が最大になるように $P(C)$ のパラメータを決めるアプローチや、$P(C)$ のパラメータも確定しない値とみなして分布を入れ、もとのモデルと同時に推定するアプローチなどがあります。前者を経験ベイズ、後者を階層ベイズと言います。このように事前分布の決め方だけでモデルがさまざまに変化するという点を覚えておいてください。

この考え方はわかりやすいですが、そんなサイコロは（コンピュータの中でも）作れないので、現実的ではありません。また、せっかく確率で表しているのに、「よく書かれる文書」と「あまり書かれない文書」が同じ確率を持ってしまうのもいただけません。

そこで、手持ちの文書を参考に文書 X の「言語っぽさ」を確率で計算する方法を適当に決めます。自然言語処理ではこれを（確率的）**言語モデル**と呼びます（p.162のコラム「言語モデル」も参照）。言語モデルは1種類ではなく、解きたい問題に合わせたさまざまな言語モデルがあります。ここで紹介するのは文書分類に適した言語モデルのひとつ、**ユニグラムモデル**です。

$P(X)$ と $P(X \mid C)$ はどちらも文書 X の確率（つまり言語モデル）ですが、ここでは特に $P(X \mid C)$ をユニグラムモデルにもとづいて計算します。まず文書 X を単語に切り分けます。何を単語とするかによって切り方は変わりますが、ここでは例として文書 $X=$「消費税増税を見送り」を「消費税／増税／を／見送り」と区切ります。そしてユニグラムモデルでは、文書「消費税増税を見送り」の確率を「消費税／増税／を／見送り」の各単語の確率の掛け算とします。例えば W を「文書に単語 W が含まれる」確率変数とすると、$P(X \mid C)$ は(7.4)のようにカテゴリー C における単語 W の確率 $P(W \mid C)$ の掛け算として表されます。

$$
\begin{aligned}
&P(X = \text{消費税増税を見送り} \mid C) \\
=&P(W = \text{消費税} \mid C) \cdot P(W = \text{増税} \mid C) \cdot P(W = \text{を} \mid C) \cdot P(W = \text{見送り} \mid C)
\end{aligned}
\tag{7.4}
$$

一般に文 X が単語列 $w_1 w_2 \cdots w_n$ からなるとき、確率 $P(X \mid C)$ を(7.5)と求めます。

$$
P(X = w_1 w_2 \cdots w_n \mid C) = \prod_{i=1}^{n} P(W = w_i \mid C) \tag{7.5}
$$

各単語の確率 $P(W \mid C)$ は、カテゴリー C の文書の中での単語 W の出現割合とします。つまり訓練データに対し、カテゴリー $C=c$ の文書に含まれる全単語数を n_c、そのうち単語 $W=w$ の個数を $n_c(w)$ と表すと、確率 $P(W=w \mid C=c)$ は(7.6)で推定します。

$$
P(W = w \mid C = c) = \frac{n_c(w)}{n_c} \tag{7.6}
$$

定義から $n_c = \sum_{w:\text{全単語}} n_c(w)$ ですから、$P(W = w \mid C = c)$ をすべての単語 w にわたって足すと 1 となり、確率の定義を満たします。(7.3) に (7.5) と (7.6) を代入すると (7.7) が得られます。

$$
\begin{aligned}
P(C = c \mid X = w_1 w_2 \cdots w_n) &\propto P(C = c) \prod_{i=1}^{n} P(W = w_i \mid C = c) \\
&= P(C = c) \prod_{i=1}^{n} \frac{n_c(w_i)}{n_c} \qquad (7.7)
\end{aligned}
$$

(7.5) は「カテゴリーを固定すると単語の出現確率は独立になる」という条件付き独立性（2.7 節）を表しています。これは**ナイーブベイズ仮定**と呼ばれます。ナイーブベイズ分類器の名前はここから来ています。

このナイーブベイズ仮定は証明できません。むしろ、成立しそうにありません。例えばカテゴリーをスポーツに固定しても、単語「ホームラン」と野球に関する単語は一緒に出やすく、サッカーの単語は出にくいでしょう。これらの単語の出現割合は明らかに独立ではありません。

さらにユニグラムモデル (7.4) は、文書の確率は単語の確率の掛け算で計算できることを意味する式です。このとき、単語の順序だけを変えた「消費税見送りを増税」という言語（日本語）としておかしい文字列が「消費税増税を見送り」と同じ確率を持つことになります。

1.2 節にて、モデルとは「特定の目的において本物より役に立つ偽物」である、という話をしました。ユニグラムモデルもナイーブベイズ仮定も明らかに偽物ですが、文書のカテゴリーを推定するという目的では役に立ちます。これが翻訳や要約、意味解析など、明らかに語順が重要であるような問題なら、ユニグラムモデルはなんの役にも立ちません。

ナイーブベイズ分類器は単語を数えて、割って、掛け算するだけで、分類に必要な $P(C \mid X)$ を推定できます[*3]。成立するはずのない仮定は気持ち悪いかもしれませんが、その仮定で問題がうまく解けて、しかも計算が難しくないなら、機械学習的にはそれが「正解」です[*4]。

---

*3　1 より小さい $P(W \mid C)$ を単語数だけ掛け算するため、長い文書ではアンダーフローを引き起こす可能性が高いです。そのため、対数をとって計算し、正規化するときに p.187 のコラムにあるソフトマックス関数と同じ工夫が使われます。

*4　「仮定が気持ち悪い」という感覚は、新しいモデルを作り出す動機やヒントになるので悪いことばかりではありません。

ナイーブベイズ分類器の例

ナイーブベイズによる分類問題の解法を、テキスト分類の定番中の定番データセットである“20 Newsgroups”[*5]を使って、具体的に確認してみましょう。

20 Newsgroupsはニュースグループの20個のグループから約2万記事を抽出したデータセットです（**表7.3**）。ニュースグループとはインターネットの掲示板的なサービス[*6]で、テーマごとにグループが分かれています。そのグループをカテゴリーと見なし、テキストからグループを推定することで、テキスト分類問題とみなせます。

定番なだけあって、多くの機械学習ライブラリにて20 Newsgroupsを簡単に扱うための専用のインターフェースが用意されていたり、サンプルコードが豊富にあったりと、扱いやすく情報が多いのが魅力です。例えばPythonの機械学習ライブラリscikit-learnにも20 Newsgroups読み込みモジュールがあり、scikit-learnのナイーブベイズ分類器MultinomialNBのリファレンスでもサンプルとして20 Newsgroupsの分類を扱っています。

ナイーブベイズ分類器ではカテゴリーの事前分布 $P(C)$ とカテゴリーごとの単語出現確率 $P(W \mid C)$ を決める必要がありました。実際のカテゴリーの出現確率がわかっていればそれを $P(C)$ としてもよいですが、今は20 NewsGroupsの知識が特にないので、一様分布とします(7.8) [*7]。

$$P(C = \text{alt.atheism}) = \cdots = P(C = \text{talk.religion.misc}) = \frac{1}{20} \tag{7.8}$$

$P(W \mid C)$ は訓練データでの各カテゴリーの単語出現割合を数えることで推定します。例えば、カテゴリー $C = \text{rec.sport.baseball}$ である文書の全単語数は131,641個、そのうち単語playersの出現回数は248です。このことから $P(W = \text{players} \mid C = \text{rec.sport.baseball}) = 248/131641$ と決まります。これを訓練データに含まれるすべてのカテゴリーと単語について行うことで、分布

*5 http://qwone.com/~jason/20Newsgroups/

*6 今ではごく限られた人しか使いませんが、ウェブ（World Wide Web）が一般的になるまでは、インターネット上の主要な情報交換手段として普及していました。

*7 ほとんどの分類問題モデルでは、訓練データの各カテゴリーごとの割合は均等なほうが良い性能になります。**表7.3**のデータ件数を見てもほぼ600件弱で揃っていることがわかります。そのためカテゴリーの本来の割合は訓練データ以外の方法でモデルに教えることになります（ナイーブベイズ分類器では事前分布など）。

カテゴリー名	内容	訓練	テスト
alt.atheism	無神論	480	319
comp.graphics	CG	584	389
comp.os.ms-windows.misc	Windows	591	394
comp.sys.ibm.pc.hardware	PC（ハードウェア）	590	392
comp.sys.mac.hardware	マッキントッシュ	578	385
comp.windows.x	X Window	593	395
misc.forsale	売ります掲示板	585	390
rec.autos	自動車	594	396
rec.motorcycles	オートバイ	598	398
rec.sport.baseball	野球	597	397
rec.sport.hockey	ホッケー	600	399
sci.crypt	暗号	595	396
sci.electronics	エレクトロニクス	591	393
sci.med	医療	594	396
sci.space	宇宙	593	394
soc.religion.christian	キリスト教	599	398
talk.politics.guns	政治（銃規制）	546	364
talk.politics.mideast	政治（中東）	564	376
talk.politics.misc	政治全般	465	310
talk.religion.misc	宗教全般	377	251

表7.3：20 Newsgroupsデータセット（数値は各カテゴリーの文書数）

$P(W \mid C)$ が求まります。

例として、「文」としては短いですが $x =$ “the new car” のカテゴリーを予測してみます。car が入っていますから、きっと rec.autos（自動車）カテゴリーでしょう。そこで (7.7) に訓練データの rec.autos カテゴリーの単語をカウントした値を代入します。

$$
\begin{aligned}
P(C=c, X=x) &= P(C=c)\prod_{i=1}^{3} P(W=w_i \mid C=c) \\
&= P(C=c)\cdot\frac{n_c(\text{the})}{n_c}\cdot\frac{n_c(\text{new})}{n_c}\cdot\frac{n_c(\text{car})}{n_c} \\
&= \frac{1}{20}\cdot\frac{6087}{134741}\cdot\frac{219}{134741}\cdot\frac{881}{134741} \\
&= 2.4\times 10^{-8}
\end{aligned}
$$

カテゴリー名	$P(C, X)$	$P(C \mid X)$
alt.atheism	1.80×10^{-10}	0.0055
comp.graphics	4.96×10^{-11}	0.0015
comp.os.ms-windows.misc	3.43×10^{-12}	0.0001
comp.sys.ibm.pc.hardware	1.57×10^{-10}	0.0047
comp.sys.mac.hardware	7.23×10^{-11}	0.0022
comp.windows.x	4.28×10^{-11}	0.0013
misc.forsale	3.67×10^{-9}	0.1112
rec.autos	2.40×10^{-8}	0.7266
rec.motorcycles	1.91×10^{-9}	0.0577
rec.sport.baseball	0	0
rec.sport.hockey	1.15×10^{-10}	0.0035
sci.crypt	1.35×10^{-10}	0.0041
sci.electronics	1.00×10^{-9}	0.0304
sci.med	4.30×10^{-11}	0.0013
sci.space	9.64×10^{-11}	0.0029
soc.religion.christian	6.22×10^{-11}	0.0019
talk.politics.guns	4.97×10^{-10}	0.0150
talk.politics.mideast	4.29×10^{-10}	0.0130
talk.politics.misc	4.43×10^{-10}	0.0134
talk.religion.misc	1.24×10^{-10}	0.0037

表7.4：文書 “the new car” のカテゴリー予測確率

とても小さいですね！ 何千何万もある単語のひとつの出現割合をさらに掛け算するため、正規化する前はとても小さい値になります。同様に他のカテゴリーでの値もすべて計算したものが **表7.4** です。$P(C, X)$ が正規化する前、$P(C \mid X)$ が正規化した事後確率になります[*8]。

$P(C = \text{rec.autos} \mid X = x) = 0.7266$ が最大であり、“the new car” の予測カテゴリーはたしかに rec.autos となりました。

では $x =$ “Do these CPU Fans also have heat sinks?” という文書だとどうでしょう。「CPU ファン」「ヒートシンク」はどちらもコンピュータの CPU の熱を逃がすためのものであり、comp.sys.ibm.pc.hardware（PC ハードウェア）のカテゴリーであろうと予想できます。実際、これは 20 Newsgroups の

[*8] rec.sport.baseball カテゴリーの確率が 0 になっているのは、そのカテゴリーの訓練データに単語 “car” が出現しないためです。後述のゼロ頻度問題に関連しています。

“comp.sys.ibm.pc.hardware” カテゴリーのテストデータに含まれていた一文です。

ところが $c =$ “comp.sys.ibm.pc.hardware” に対して先ほどの例と同様に計算すると、$P(C=c \mid X=x)=0$ となります。これは fans という単語がカテゴリー c の訓練データにたまたま登場しないため、$P(W=\text{fans} \mid C=c)=0$ となるからです。そのような訓練データに含まれていない単語が入っていると、他の単語の確率がどれほど高くてもその積は 0 になります。

もっと困った事態に陥るケースもあります。単語 $w=$ penguine は、実際に 20 Newsgroups のテストデータに含まれる単語なのですが、訓練データにはすべてのカテゴリーにわたって一度も登場しません。そのため $P(W=w \mid C=c)=n_c(w)/n_c$ の分母が 0 となり、値を定義できません（プログラムで実行するとゼロ除算エラーになります）。

これは**ゼロ頻度問題**あるいは**スパースネスの問題**と呼ばれ、特に自然言語処理のような組合せ爆発を起こす分野でとても深刻な問題とされます。

ゼロ頻度問題の対策はいくつかあります。もっともシンプルで力技な方法は、データを増やすことです。単語 fans もテストデータには含まれていますから、データを増やせば訓練データにも含まれるようになるでしょう。しかしデータを増やすと珍しい単語も増えるため、このアプローチは現実的ではありません。仮に限りなくデータを増やして、あらゆる単語を網羅し尽くしたとしても、その次の瞬間には未知の新語が生み出されているでしょう。

また実は先ほどの単語 penguine はタイプミスです。正しい綴りの penguin または penguins は訓練データでもそれなりに使わており[*9]、penguine を penguin(s) に正すことができれば、（少なくともこの単語に関しては）ゼロ頻度問題は解決です。しかし penguine が penguin の間違いなのか、そういう珍しい綴りの単語がたまたま存在するのか、はたまた新しい商品名なのか、コンピュータに区別させるのはとても難しいです。

そこでゼロ頻度問題の典型的な対策では、データが少ないからゼロ頻度問題が起きるという立場に立ちつつ、データを増やす代わりに、「データが今より増えたときの $P(W \mid C)$ の値」を推定します。特にスムージングと呼ばれる手

[*9] 20 Newsgroups に動物に関係するカテゴリーなどないのに、penguin(s) が出てくるのを不思議に思うかもしれません。実は penguins はホッケーチームの名前として登場しています。

法では、今のデータでゼロになっている単語もデータが増えれば少しは登場するだろうと、1回より少ない出現回数を割り当てます。そして確率は全部足して1という制約があるので、ゼロ回の単語を増やした分だけ既存の単語の確率が減ります。

特に一番簡単な**加算スムージング**では、ゼロ回の単語だけではなく一律にすべての単語に α 回分を割り当てて、全体が1になるように正規化します。つまり、すべての単語の種類数（語彙数）を V とすると、

$$P(W = w \mid C = c) = \frac{n_c(w) + \alpha}{n_c + V\alpha}$$

によって $P(W \mid C)$ を推定することで、すべての単語に0でない確率を割り当てます。この乱暴な方法に感じるかもしれない加算スムージングにも理論的な解釈がありますが、本書のテーマから外れますので紹介は控えます[10]。

Column

言語モデル

モデルとは、解きたい対象を目的に合わせて簡略化したり、一部分だけを真似して、数値化するものでした。そして言語モデルはまさに言語の一部分を数値化するものになります。

具体例で見てみましょう。次の文字列それぞれについて「言語っぽさ（日本語らしさ）」を考えてみます。

1. 今日はいい天気ですね → 2.5
2. 今日はいいペンキですね → 1.3
3. すは気今天でいねい日 → 0.1

1はたしかに日本語でしょう。2は文法は間違っていませんが、あまり使いそうにありません。3は文字だけは1の並べ替えですが、明らかに日本語ではありません。

[10] 多くの自然言語処理の教科書では加算スムージング以外のゼロ頻度問題対策も紹介されています。本によっては理論的な解釈もフォローされていますので、興味のある方はそうした教科書を参照してみてください。

そうした各文の日本語らしさを2.5や1.3といった数値で表すことで、「1、2、3の中で一番日本語らしい文を選べ」という問題がコンピュータにも解けるようになります。

日本語らしさが数値になると何が嬉しいでしょう。例えば「はしをわたるな」を仮名漢字変換するとき、候補に「橋を渡るな」と「端を渡るな」があがったとしましょう。コンピュータにはこの2つのどちらがいいか区別できませんが、言語モデルによって「橋を渡るな」のほうがより日本語らしい（日本語としてよくある）とわかれば、そちらを優先できます。他にも分類、翻訳、要約などなど、自然言語処理のほとんどすべての領域で言語モデルは役に立ちます。

特に文 X に対してその日本語らしさを確率 $P(X)$ で表したものを確率的言語モデルと言います。言語モデルはその値を使ってもっと大きな問題を解くことが目的なので、他のモデルと組み合わせやすい確率的言語モデルはよく使われます。

7.2 パーセプトロン

パーセプトロンの導出

この節以降では、入力データが文書ではなく数値であるような分類問題を考えます。

分類問題で欲しいものは、データを入力したときに正しいカテゴリーを出力する分類器です。ところで、線形回帰では入力データと出力データから関数を作る方法を学びました。

そこで、各カテゴリーにそれぞれ適当な数値を割り当てて、回帰問題のように解いてしまえば、データを入れたときにカテゴリーが出てくる関数が得られるのではないでしょうか。

この「線形回帰のように関数の形で分類問題を解く」アイデアを具体例で考えてみます。模擬試験の数学の点数 x と英語の点数 y に対し、本番の受験の

結果 t が合格か不合格かを分類するという問題です。

x, y を入力とする関数には線形回帰と同様に (7.9) のような a, b, c をパラメータに持つ線形結合の形を使いましょう。

$$f(x,y) = ax + by + c \tag{7.9}$$

回帰とまったく同じように解くには、出力のカテゴリーを適当な数値に割り当てる必要があります。例えば合格を 1、不合格を 0 としてみましょう。関数 $f(x,y)$ は 1 と 0 以外の値も取りますが、そうした値は 1 か 0 の近い方に割り振ることにします。

ここで分類と回帰の違いを具体的に見るために、適当な 2 組のパラメータ $(a,b,c) = (0.1, 0.2, -6.0), (-0.2, 0.1, 6.0)$ に対応する関数 f_1, f_2 を考えます (7.10)。

$$\begin{cases} f_1(x,y) = 0.1x + 0.2y - 6.0 \\ f_2(x,y) = -0.2x + 0.1y + 6.0 \end{cases} \tag{7.10}$$

またデータ $(x,y) = (60,50)$ の正解カテゴリーに対応する値が 1（合格）だったとしましょう。このとき f_1 と f_2 のどちらが「良い関数」でしょう。

f_1 と f_2 にそれぞれ $(x,y) = (60,50)$ を代入してみると、

$$\begin{cases} f_1(60,50) = 0.1 \cdot 60 + 0.2 \cdot 50 - 6 = 10 \\ f_2(60,50) = -0.2 \cdot 60 + 0.1 \cdot 50 + 6 = -1 \end{cases} \tag{7.11}$$

となります。$f_1(60,50) = 10$ は 0 より 1 に近いので正解カテゴリーに割り振られますが、$f_2(60,50) = -1$ は 0 の方に近いので不正解です。つまり分類問題としては f_1 のほうが「良い関数」です。

ところが、回帰では誤差（予想と正解の差）の小さいほうが良い関数でした。$f_1(60,50) = 10$ より $f_2(60,50) = -1$ のほうが 1 との誤差は小さいですから、回帰では f_2 のほうが「良い関数」になってしまいます。

つまり、分類と回帰では「良い関数」が異なるため、関数（パラメータ）の良さを選ぶ方法を変える必要があることがわかります。そこで分類のための誤差を導入するため、必要な用語を定義しましょう。

データを入力するとカテゴリーに対応する値が出力される関数を**分類関数**、それを使った分類問題モデルを分類関数モデルと呼びます。

カテゴリーが2個の分類問題を特に**2値分類**と言います。3個以上のときは**多値分類**と言います。カテゴリーが2個と3個以上で分けるのは、モデルによって2値分類しかできないものがあるからです。ナイーブベイズは多値分類にも対応していますが、分類関数モデルは基本的に2値分類専用になります。

「関数の値をカテゴリーにどう割り振るか」問題がありましたが、2値分類に話を限ってしまえば、実数を正と負の2つの領域に分けて、それぞれをカテゴリーに対応させるという簡単な解決方法があります。つまり値ではなく領域をカテゴリーに対応させるわけです。符号を見るだけでカテゴリーがわかる点も便利です。値の正負でカテゴリーを分ける2値の分類関数は特に**判別式**とも呼ばれます。境界の0は正でも負でもないですが、ひとまず正のカテゴリーに割り振っておきます。

分類のための誤差とは「分類が正解なほど小さい値」です。そのような値は何通りも考えられそうですね。確率的分類モデルが $P(C \mid X)$ の計算方法でモデルが決まるように、この「分類が正解なほど小さい値」を決めるごとに分類関数モデルが決まります。

この誤差をシンプルに「正解にするために値をどれくらい動かす必要があるか」[*11]と決めたモデルを**パーセプトロン**と言います。パーセプトロンは後述するように実用的ではありませんが、同様の分類問題モデルを理解する助けとなる基本的なモデルとして紹介します。

(7.11) の例で言えば、$f_1(60, 50) = 10$ はそのままで正解なので誤差0、$f_2(60, 50) = -1$ は正解の正に持っていくために少なくとも1は動かさないといけないので、誤差は1と考えます。

合格予測を題材に、パーセプトロンとはどのようなものか見ていきましょう。$N = 20$ 人の模擬試験の点数と合否の結果が**表7.5**のとおりだったとします。

n 番目の人の数学と英語の点数 (x_n, y_n) は2次元平面上の点とみなせますから、それをプロットしたものが**図7.1**になります。ここで、合格は○、不合格は×で表しています。

先ほどの話のとおり、合格と不合格という2つのカテゴリーに正と負を割り振ります。どっちをどっちに割り振ってもコンピュータは間違えませんが、直感に反する対応はそれを扱う人間のほうが混乱します。ここは素直に合格を正

[*11] より正確には、予測が正解となるような $f(x_n, y_n)$ の変化量の下界を誤差とします。

数学 x	英語 y	合否 t
48	43	不合格
41	62	合格
52	46	不合格
45	59	合格
44	40	不合格
45	48	不合格
64	68	合格
42	45	不合格
54	42	不合格
65	39	合格

数学 x	英語 y	合否 t
45	58	合格
57	58	合格
52	57	合格
37	41	不合格
46	52	不合格
43	48	不合格
54	55	合格
63	49	合格
43	53	不合格
40	56	不合格

表7.5：模擬試験の点数と合否結果

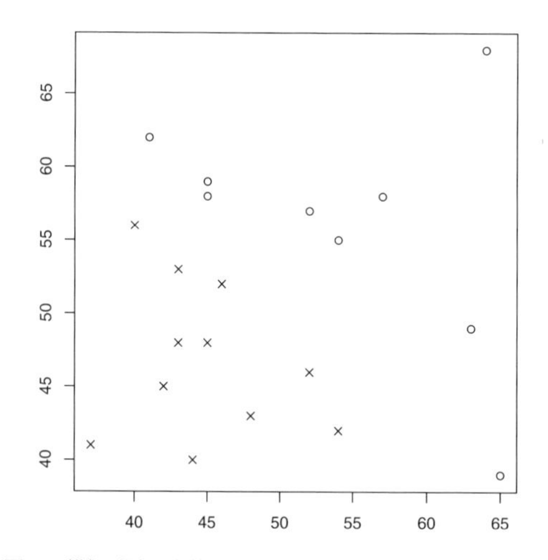

図7.1：模擬試験の点数と合否結果（○が合格、×が不合格）

（+）に、不合格を負（–）に割り振っておきましょう。

n 番目の人のカテゴリー（合否）を t_n で表したいですが、t_n に数値ではない + と – をそのまま入れるのは使い勝手が悪いです。そこで合格は $t_n = +1$、不合格は $t_n = -1$ と表すことにします。カテゴリーに対応するのは正と負の領域のままであり、±1 はその代表としてのラベルである点に注意してください。

パーセプトロンの誤差は「正解にするために値をどれくらい動かす必要があ

るか」と言っていました。正解のときは動かす必要がありませんから誤差は0です。不正解のときは $f(x,y) = ax + by + c$ の符号が間違っているわけですから、境界の0まで動かす必要があります。その距離は絶対値 $|f(x,y)|$ で表せます。これをすべての n にわたって足した総和はパラメータ a, b, c の関数 $E(a,b,c)$ として (7.12) のように書けます。

$$E(a,b,c) = \sum_n \begin{cases} 0 & (\text{正解になる } n) \\ |f(x_n, y_n)| & (\text{不正解になる } n) \end{cases} \tag{7.12}$$

「不正解になる n」なんて扱いにくいものが入っている数式は困るので、(7.12) を機械的に扱える式に変形したいです。

ある n でカテゴリーの予想が正解するとは、$f(x_n, y_n)$ と t_n の符号が一致することです。2つの値の符号が一致するとき、その積 $f(x_n, y_n)t_n$ は正になります。逆に不正解のときは符号が一致しない、つまり積 $f(x_n, y_n)t_n$ が負になります。境界の0は正解に割り振ると、(7.13) のように書きなおせます。

$$E(a,b,c) = \sum_n \begin{cases} 0 & (f(x_n, y_n)t_n \geq 0 \text{ である } n) \\ |f(x_n, y_n)| & (f(x_n, y_n)t_n < 0 \text{ である } n) \end{cases} \tag{7.13}$$

ここで $t_n = \pm 1$ であることから、$|f(x_n, y_n)| = |f(x_n, y_n)t_n|$ を使いつつ、$z_n = f(x_n, y_n)t_n$ とおくと、(7.13) は (7.14) まで簡単になります。

$$E(a,b,c) = \sum_n \begin{cases} 0 & (z_n \geq 0) \\ -z_n & (z_n < 0) \end{cases} \tag{7.14}$$

絶対値は $z_n < 0$ より $|z_n| = -z_n$ と外せます。これで z_n の値だけで場合分けが完結するようになりました。そういう関数を用意することで、場合分けも隠してしまいましょう。**ランプ関数** $h(z)$ は $z \geq 0$ のとき z を、$z < 0$ のとき0をとる関数です（式 (7.15)、**図7.2**）。値の最大値を取る関数 max を用いて $h(z) = \max\{0, z\}$ とも表記されます[*12]。

*12 グラフの形状が（平らな）地面から上の段などに上がるための坂道（ramp）に似ていることからその名前が付きました。ランプ関数は使われる分野によってヒンジ関数とも呼ばれます。また深層学習では ReLU（Rectified Linear Unit、正規化線形関数）と呼ばれ、重要な活性化関数のひとつとして使われています。

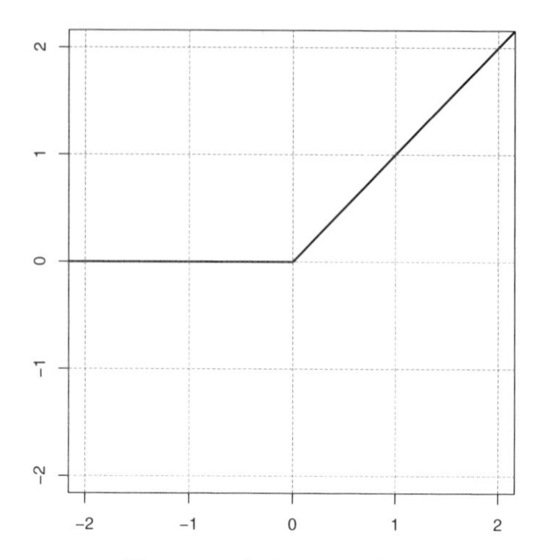

図7.2：ランプ関数 $h(z)$のグラフ

$$h(z) = \begin{cases} z & (z \geq 0) \\ 0 & (z < 0) \end{cases} \tag{7.15}$$

ランプ関数を使うと、パーセプトロンモデルを決定する誤差関数 $E(a,b,c)$ は (7.16) のように書けます。

$$E(a,b,c) = \sum_n h\left(-(ax_n + by_n + c)t_n\right) \tag{7.16}$$

次に、パーセプトロンを学習します。機械学習の学習とは、$E(a,b,c)$ がもっとも小さくなるパラメータ a, b, c を見つけることでした。

線形回帰の誤差関数は、2 次関数の多次元版（2 次形式と言います）という扱いやすい形をしていたおかげで、微分 $= 0$ が連立一次方程式の形になり、行列計算で最小点を求められました。一方、パーセプトロンの誤差関数はそれほど単純ではありません。

誤差関数 $E(a,b,c)$ は 3 次元空間上の関数なので、そのままグラフを描くには 4 次元になり無理です。そこで b, c を適当な値に固定し（$b = 0.5$, $c = -45$）、横軸に a だけ取った $E(a,b,c)$ のグラフ（**図7.3**）を見て、$E(a,b,c)$ がどのような形をしているのか雰囲気を見てみましょう。

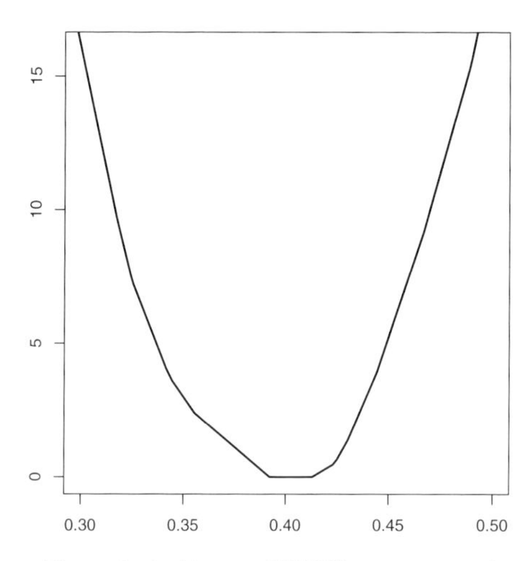

図7.3：パーセプトロンの誤差関数 $E(a,b,c)$ の形

$E(a,b,c)$ の式にランプ関数（**図7.2**）が入っていることから想像がつくかもしれませんが、パーセプトロンの誤差関数はこのようにカクカクした形をしています。折れ曲がった点では微分は計算できないため、結局各 $f(x_n,y_n)$ が正か負かですべての場合分けをすることになります。その場合分けの総数は点の個数を N とすると最大で 2^N 通りです。今回のサンプルデータ（$N=20$）ならコンピュータに任せれば余裕ですが、N が大きくなると文字どおり指数的に難しくなります。

そこで、パーセプトロンでは誤差関数がだんだん小さくなるようにパラメータを更新していくことで、より良い値を求めるというアプローチで解きます。

最初にパラメータ a, b, c は適当に仮決めします。一般に小さめの乱数を初期値とします。

そして、現在のパラメータが $a=a_i$, $b=b_i$, $c=c_i$ であるとき、更新して得られるパラメータ $a=a_{i+1}$, $b=b_{i+1}$, $c=c_{i+1}$ を次のように求めます。

パラメータ a_i, b_i, c_i に対応する $f(x,y)$ を $f_i(x,y)=a_ix+b_iy+c_i$ と書くことにします。データの中からランダムに 1 点 (x_n,y_n) を取り出し、$f_i(x_n,y_n)$ の符号（予測）を確認します。それが正解 t_n の符号と一致すればOK、また別のデータを取りなおします。

予測が正解と一致しなかった場合、次のようにパラメータを更新して、a_{i+1}, b_{i+1}, c_{i+1} を得ます。

$$\begin{cases} a_{i+1} = a_i + t_n x_n \\ b_{i+1} = b_i + t_n y_n \\ c_{i+1} = c_i + t_n \end{cases} \tag{7.17}$$

(7.17) は、$f_{i+1}(x_n, y_n)$ が $f_i(x_n, y_n)$ よりも正解に近くなるように a, b, c を更新するものです。実際、

$$\begin{aligned} f_{i+1}(x_n, y_n) &= a_{i+1}x_n + b_{i+1}y_n + c_{i+1} \\ &= (a_i + t_n x_n)x_n + (b_i + t_n y_n)y_n + (c_i + t_n) \\ &= (a_i x_n + b_i y_n + c_i) + t_n(x_n^2 + y_n^2 + 1) \\ &= f_i(x_n, y_n) + t_n(x_n^2 + y_n^2 + 1) \end{aligned}$$

となり、$x_n^2 + y_n^2 + 1$ は常に正であるため、$f_{i+1}(x_n, y_n)$ は $f_i(x_n, y_n)$ より t_n の方向（つまり正解）に $x_n^2 + y_n^2 + 1$ だけ動いたものになります。すべてのデータ点でカテゴリー予測が正解になるまで、この更新をランダムに (x_n, y_n) を取って繰り返すのがパーセプトロンの学習アルゴリズムです。

パーセプトロンに限らず機械学習ではこのようにランダムなデータ (x_n, y_n) を何度も選ぶアルゴリズムがよく使われます。ランダムなデータの選び方には、**復元抽出**と非復元抽出があります。玉の入った袋からランダムに玉を何度も取り出す例で説明すると、復元抽出では取った玉を袋に戻して次の玉を取り出し、非復元抽出では取った玉は袋に戻しません。機械学習ではすべてのデータを均一に評価するほうがよいので、ほとんどの場合に非復元抽出が用いられます。非復元抽出ではいつか袋から玉はなくなってしまうので、そのときはまたすべての玉を袋に戻して最初から始めます。データが1周することを**エポック**と呼び、データを100エポック学習するなどと言います[*13]。

(7.17) の更新1回は (x_n, y_n) に関する誤差を小さくしますが、他のデータ点での誤差については何もわかりません。むしろ誤差の総和 $E(a_{i+1}, b_{i+1}, c_{i+1})$

[*13] パーセプトロンの学習はデータの一部分を使って何周も学習するオンライン学習（8.3 節参照）です。エポックはオンライン学習に対して一般的に使われる用語であり、オンライン学習と一緒に改めて紹介します。

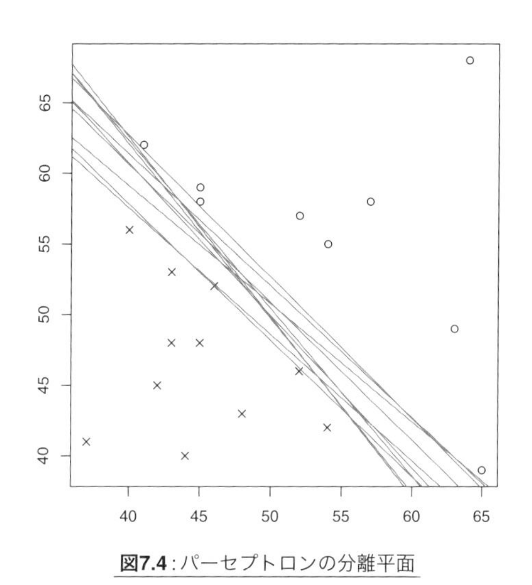

図7.4：パーセプトロンの分離平面

が $E(a_i, b_i, c_i)$ より大きくなってしまうこともあるでしょう。しかしデータ点が「ある前提条件」を満たすとき、この更新を繰り返すことで、「いつかは」必ずすべてのデータ点で正解になるようなパラメータにたどり着くことが証明されています（パーセプトロンの収束定理）。

パーセプトロンを含む分類関数モデルは、上で述べたとおり分類関数 $f(x, y)$ の正負でカテゴリーを分類（予測）します。したがって、2 つのカテゴリーに対応する領域の境界は方程式 $f(x, y) = 0$ で表されます。$f(x, y)$ は x, y の 1 次式 $ax + by + c$ でしたから、$f(x, y) = 0$ は直線を表します。こうしたカテゴリーを分離する境界を**分離平面**と呼びます。直線なのに平面と呼ばれるのは、幾何では全体の空間より 1 次元小さい部分空間のことを平面と呼ぶ一般化を行うからです。

表7.5 の合否予測データセットに対し、それぞれ 10 通りのランダムな初期値から学習した分離平面を図示したものが **図7.4** です[*14]。

図7.4 のとおり、パーセプトロンの解はただひとつには決まりません。パラ

---

*14 パーセプトロンは後述の弱点以外にも、データの平均が 0 から離れると学習が極めて遅くなり、本書で扱っているようなトイデータ（おもちゃのように小さいデータセット）でも現実的な時間で解が求まらないという問題があります。そのためデータから 50 引いた値で学習し、結果をもとの値に戻してプロットしています。

メータの初期値（乱数）と、更新に用いるデータ点 (x_n, y_n) の順序によって異なる結果が得られます。

パーセプトロンの弱点

パーセプトロンを使えば、「データをきれいに分ける直線（平面）」を求められることはわかりましたが、そんな直線くらいグラフから一目で見つけられそうな気もします。2 次元の世界ではたしかにパーセプトロンの出番はないでしょう。しかし「1,000 次元空間上の点をきれいに分ける 999 次元部分空間」を見つけるのはどうでしょう。

一般の D 次元でパーセプトロンを考える場合、これまで x, y で表してきた変数をベクトル $\boldsymbol{x} \in \mathbb{R}^D$ に置き換えます。正解カテゴリーは引きつづき t を使います。分類関数のパラメータも a, b, c から重み $\boldsymbol{w} \in \mathbb{R}^D$ と定数項 c に置き換えます。

$$f(\boldsymbol{x}) = \boldsymbol{w}^\top \boldsymbol{x} + c$$

このときパーセプトロンの誤差関数は 2 次元のときと同じ (7.12)、学習の更新式は (7.18) のようになります。一般の D 次元でも、データが「ある前提条件」を満たす場合に、(7.18) を繰り返すことでいつかは必ず解けることが証明されています。

$$\begin{cases} \boldsymbol{w}_{i+1} = \boldsymbol{w} + t_n \boldsymbol{x}_n \\ c_{i+1} = c_i + t_n \end{cases} \tag{7.18}$$

パーセプトロンは、高次元のデータに対しても分類する関数を自動的に見つけられる初めてのモデルでした。それにより人工知能を実現するものとして過度な期待を集めましたが、大きな弱点を明らかにされ、反動として人工知能の冬の時代を招く一因となってしまいました。そうした歴史話は多くの人工知能本に紹介されていますから、ここではパーセプトロンの弱点について見ていきましょう。

まず、上で紹介したパーセプトロンの学習アルゴリズムは極めて遅いです。**図7.1** くらいのデータであれば 3 エポック（データ 3 周）以内にほぼ解けますが、「100 次元の点が数万個」という比較的小さめのデータでも、解けるのが現実的な時間内かどうかはわかりません（宇宙が滅亡したあとかも？）。

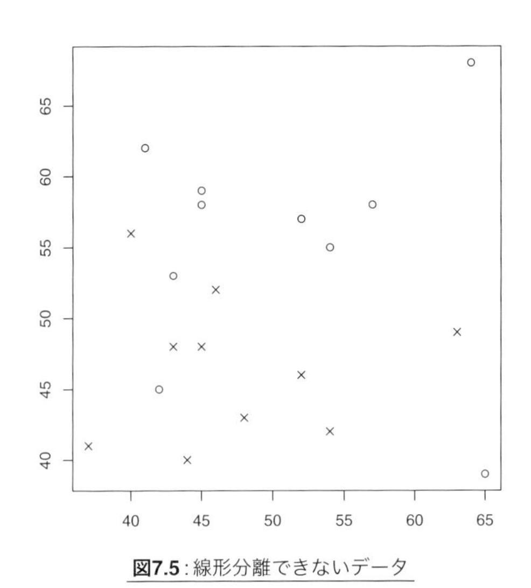

図7.5：線形分離できないデータ

さらに、このアルゴリズムで解けるための「ある前提条件」が厳しすぎて、残念ながら現実の問題ではほとんど当てはまらないことがトドメとなりました。その前提条件を見るために、もう一度合否予測データセット（**表7.5**、**図7.1**）に立ち返りましょう。実はこのデータ、単純に「数学と英語の点数の合計が 100 点以上なら合格」というシンプルすぎるデータでした。しかし試験本番は模擬試験どおりの結果になるとは限りません。「模擬試験は良かったが、本番で失敗した人」や「模擬試験は悪かったが、本番は合格した人」もいる現実的なデータを考えてみましょう（**図7.5**）。

元のデータ（**図7.1**）は 2 つのカテゴリーをきれいに分ける直線が存在しましたが、今回のデータ（**図7.5**）は○が×に囲まれた位置などにあり、そうした直線を引くことはできません。このようなカテゴリーを分ける分離平面が存在するデータを**線形分離**可能、存在しないデータを線形分離不可能と言います。そして、パーセプトロンのアルゴリズムで解けるための「ある前提条件」とは、実はデータが線形分離可能であることでした。つまり **図7.1** のようなデータはパーセプトロンで解けますが、**図7.5** は解けません。

線形分離できないデータに「カテゴリーをきれいに分ける分離平面」は存在しませんから、すべての予想が正解となる解を求められないのは当然のように

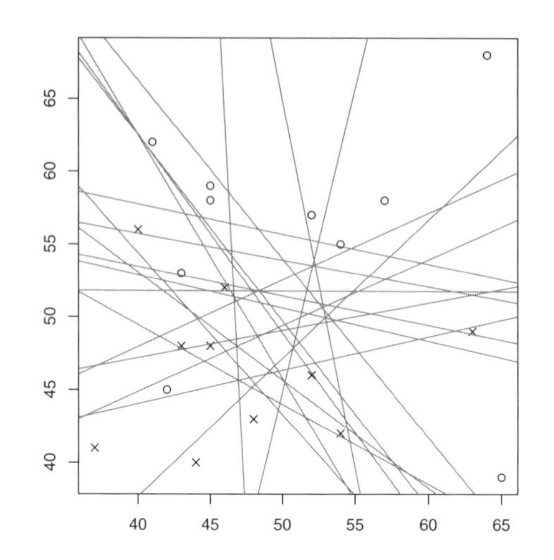

図7.6：線形分離できないデータをパーセプトロンに解かせる

も思えます。できるだけ多くの点で正解になるような、具体的には誤差関数 $E(a,b,c)$ が最小になる a, b, c が求まってくれれば十分でしょう。しかしここで言う「パーセプトロンで解けない」とは、アルゴリズムをどれほど繰り返してもそうした解を求めるどころか近づく保証すらなく、アルゴリズムの終了や打ち切りを判定することもできないという意味です。

実際に **図7.5** のデータをパーセプトロンで解き、20 通りの解の分離平面を図示してみます（**図7.6**)。アルゴリズムは終了しないので 100 エポック（データ 100 周）で打ち切っています。

パーセプトロンで線形非分離なデータを無理やり解いても、このようにまったくバラバラの結果が得られるばかりとなります。これはたしかに実用的ではなさそうです。

7.3 2種類のエラー

パーセプトロンをどうすれば実用的になるかを考える前に、分類問題モデルの「実用的な良さ」について整理します。

分類問題で、正解と異なる予測を**エラー**（間違い）と言い、予測のうち正解だった割合を**正解率**と言います。テストデータに対する正解率は分類モデルの性能を表す指標のひとつです。

正解率が高いほど、エラーが少ないほど良い分類モデルだと思うでしょう。ところが分類モデルを使う実用アプリケーションの多くは、単純にエラー全体を減らすというアプローチは取りません。

例としてスパム分類を考えてみます。スパム分類ではメールをスパムと非スパムに分類しますから、そのエラーには次の2種類が考えられます。

- **エラー1**：正解はスパムだが、間違えて非スパムに分類
- **エラー2**：正解は非スパムだが、間違えてスパムに分類

エラー1では、スパムメールが受信ボックスに残ってしまいます。いちいち選んで削除しなければならず、面倒です。エラー2では、必要なメールを迷惑メールボックスに送ってしまいます。返信すべきメールが迷惑メールに分類されてしまって、トラブルになった経験は多くの人にあるでしょう。どちらのエラーも嬉しくないですが、より困るのはやはりエラー2でしょう。

他にも「レントゲン画像から病気の有無を分類する問題」では、「エラー1：病気がないのにあると分類」と「エラー2：病気があるのにないと分類」という2種類のエラーが考えられます。特にエラー2は病気の見逃しにつながる重大なものですから、できる限り減らしたいです。

このように2種類のエラーが等価値ではないとき、正解率は必ずしも良いモデルを選ぶための指標にはなりません。それを説明する例として、2種類のモデルAとBを検証したとき、それぞれ**表7.6**のようなエラーの内訳だったとしましょう。今エラー2のほうが深刻な間違いだったとすると、それが少ないモデルBのほうが嬉しいはずです。ところが、正解率で比べればエラー全体が少ないAのほうが良いモデルとなります。

このことから、モデルの実用的な良さを測るには単純な全体の正解率ではなく、エラー1とエラー2を区別できるような別の指標が必要とわかります。そうした指標を導入するにあたって、2値分類問題の一般的な話として2つのカテゴリーを「正」「負」と呼びます。このときエラー1は「正解は負なのに、予想では正に分類」、エラー2は「正解は正なのに、予想では負に分類」となります。あとは「正解も予想も正」と「正解も予想も負」があれば、すべての正解

	モデル A	モデル B
エラー 1	7	10
エラー 2	10	8
エラー全体	17	18

表7.6:2種類のモデルの分類エラー個数の例

	正解:正	正解:負
予想:正	true positive	false positive
予想:負	false negative	true negative

表7.7:2値分類の予想と正解の組み合わせ

	正解:正(スパム)	正解:負
予想:正(スパム)	TP = 43	FP = 15
予想:負	FN = 8	TN = 34

表7.8:スパム判定モデルにおける各項目の件数の例

と予想の組み合わせが揃います(**表7.7**)。

それぞれのパターンは表の中にある名前で呼ばれます。エラー 1 は false positive、エラー 2 は false negative ですね[*15]。

さて、仮にスパム判定に対して分類モデルを学習・検証して、テストデータに対する各項目の件数がわかったとしましょう(**表7.8**)。それぞれの件数を、名前の頭文字を取って TP、FP、FN、TN と略します。

この例での、正解率は (7.19) となります。式から見てもわかるとおり、正解率は 2 種類のエラー FP と FN を区別しないため、実用的な良さを測れません。

$$\text{正解率} = \frac{\text{正解数}}{\text{全体}} = \frac{\mathrm{TP}+\mathrm{TN}}{\mathrm{TP}+\mathrm{TN}+\mathrm{FP}+\mathrm{FN}} = \frac{77}{100} = 0.77 \tag{7.19}$$

そこで**適合率**と**再現率**という指標を (7.20) のように定義します[*16]。

[*15] それぞれ無理に日本語に訳せば偽正や偽負などとなるでしょうが、もっぱらこれらは英単語で呼ばれるため、ここでもそのまま紹介します。

[*16] 適合率と再現率は、その日本語よりそれぞれ precision と recall という英単語のほうがよく用いられます。また、適合率と再現率の調和平均を取った F 値という指標もよく使われます。

$$\begin{cases} 適合率 = \dfrac{\mathrm{TP}}{\mathrm{TP} + \mathrm{FP}} = \dfrac{43}{58} = 0.74 \\ 再現率 = \dfrac{\mathrm{TP}}{\mathrm{TP} + \mathrm{FN}} = \dfrac{43}{51} = 0.84 \end{cases} \tag{7.20}$$

適合率は「正と予想したデータの中で、予想が正解だった割合」であり、FP (false positive) が小さいと適合率が高くなります。再現率は「正解が正であるデータの中で、予想が正解だった割合」であり、FN (false negative) が小さいと再現率が高くなります。false positive と false negative のどちらを重要視するかで、適合率と再現率のどちらを重視するかが決まります。

ここでパーセプトロンの話に戻りましょう。パーセプトロンを含む 2 値の分類関数モデルでは、判別式の値が正か負かでカテゴリーを予測します。これは閾(しきい)値 0 より大きいか小さいかで分類している、と言いかえることもできます。仮に閾値を -1 にずらすと、判別式が -1 から 0 の間のデータが「負 (閾値より小さい)」から「正 (閾値より大きい)」に変わりますから、その分 TP と FP が増え、TN と FN が減ります。このとき (7.20) より、再現率が上がり、適合率が下がります。逆に閾値を大きくすると、適合率が上がり、再現率が下がります。このように閾値の調整によって重視する適合率 (または再現率) を狙って改善できます。

ただしパーセプトロンにはこうした調整を難しくする、実用上の問題点がもうひとつあります。パーセプトロンの判別式 $f(x, y) = ax + by + c$ が 1 つ求まったとします。そのとき、パラメータをすべて 2 倍した $g(x, y) = 2ax + 2by + 2c$ もまったく同じ意味の判別式になります。こうした係数の大きさは、初期値の乱数と更新に使うデータ点の順序という、あまり本質的ではない要因で決まってしまいます。これは、更新式 (7.17) が予測が正解かどうかにのみ依存し、誤差の大きさを無視していることに由来します。

こうした問題を解決するには、誤差の大きさを考慮できるモデルに改良する必要があります。パーセプトロンをそのように改良した実用的なモデルも多くあります。それらを紹介することを主目的とした書籍に『オンライン機械学習』[*17]があります。

次の節では、判別式を確率化し信頼度を表すことで、その問題点を解消したロジスティック回帰モデルを紹介します。

[*17] 海野裕也、岡野原大輔、得居誠也、徳永拓之 著『オンライン機械学習』講談社、2015 年

Column

クラスタリング

分類問題と似た問題に**クラスタリング**があります。どちらも「データをいくつかのグループに分ける問題」であり、簡単な図にすると同じような絵になるため混同されることも多いですが、モデルもデータも応用方法もまったく異なります。

分類問題ではグループは主に「カテゴリー」と呼ばれ、データが属すべき正解カテゴリーを予測するのが目的です。カテゴリーの種類は学習前に決まっていて、学習用の各データに正解カテゴリーをラベルとして割り振ります。このように正解を持つ学習データを用意し、未知のデータに対して正解ラベルを予測するタイプの機械学習を特に**教師あり学習**と言います。教師あり学習では、訓練データやそこに含まれる正解データを**教師データ**と呼ぶこともあります。

一方のクラスタリングではグループは「クラスター」と呼ばれ、似ているデータができるだけ同じクラスターに入るようにデータ全体をうまく分けることで、データの中に隠れているパターンを見つけ出すことが目的です。分類問題のように正解カテゴリーを明示的に与えませんし、それを予測することもしません。あらかじめ決めるのは、データが似ているかどうかを表す定量的な条件と、クラスター数のみです（発展的な手法には、クラスター数をデータから自動的に決めるものもあります）。

クラスタリングのような正解データを持たないタイプの問題は**教師なし学習**と呼ばれます。k-meansやトピックモデルなどといった多くのモデルや応用があります。

ここで言う「教師」も機械学習の専門用語で、「予測すべき正解」といった意味で使われています。初心者向けの説明では混同されていることも多いですが、『学習』と同様、一般用語の『教師』とは意味も概念もまったく異なります。

7.4 ロジスティック回帰

D 次元データ $\boldsymbol{x} \in \mathbb{R}^D$ に対するパーセプトロンの判別式 (7.21) は、重み $\boldsymbol{w} \in \mathbb{R}^D$ との内積で表せます。

$$f(\boldsymbol{x}) = \boldsymbol{w}^\top \boldsymbol{x} = \sum_{i=1}^{D} w_i x_i \tag{7.21}$$

ただし簡略化のため定数項は除外しています。必要なら入力変数のひとつ、例えば x_1 を常に 1 に固定することで、対応するパラメータ w_1 に定数項の役割を割り振ることができます。このように限定しても一般の場合を表現できる状態を、「一般性を失わない」という言い方をします。モデルの式表記ではこうした一般性を失わない簡略化がよく行われますが、いざ実装というときは速度と使いやすさの点から、定数項は独立して扱われることが多いです。

(7.21) は任意の実数を取りうるため、もちろん確率ではありません。実数全体を 0 から 1 に押し込めてしまう関数 $\sigma(z)$ (7.22) で、これを確率と解釈できる値に変換します（**図7.7**）。

$$\sigma(z) = \frac{1}{1 + \exp(-z)} \tag{7.22}$$

この $\sigma(z)$ は任意の実数を 0 から 1 までなだらかに対応させる単調増加関数で、**シグモイド関数**または**ロジスティック関数**と呼ばれます。「シグモイド」も σ（シグマ）も S の字を意味し、本来シグモイド関数とは **図7.7** のような伸ばした S の

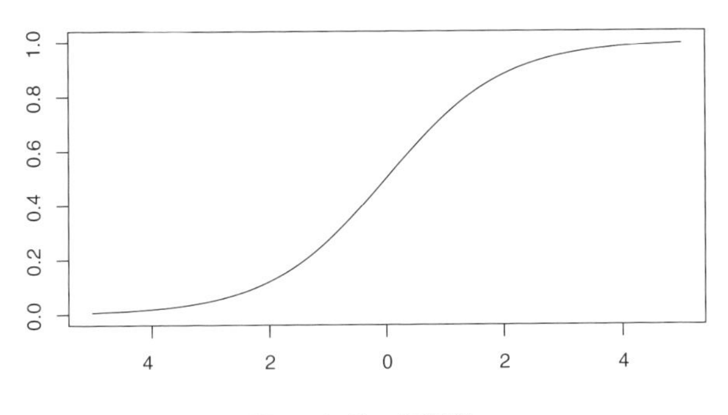

図7.7：シグモイド関数

形をしている関数全般を指します。そのような関数はよく使われるものに限ってもいくつもありますが、機械学習で単にシグモイド関数と言う場合、このロジスティック関数を指すことが多く、本書でもシグモイド関数は (7.22) を指すものとします。

シグモイド関数を使って「カテゴリーが正である確率」を表現するために、ナイーブベイズ分類器（7.1 節）と同様に入力データを表す確率変数 X と、カテゴリーを表す確率変数 C を導入します。

C の値は、パーセプトロンと同じく正のカテゴリーを $+1$、負のカテゴリーを -1 とすることもできますが、ロジスティック回帰ではあとの式を書くときに楽をするため 1 と 0 を採用します。値が ±1 でなくなっても、$C=1$ に対応する正解データを「正例」、$C=0$ のデータを「負例」と呼ぶのはなぜか変わらないのですけどね。

この確率変数 X, C を使うと、「入力データが $\boldsymbol{x}$ であるとき、そのカテゴリーが正である確率」は $P(C=1 \mid X=\boldsymbol{x})$ と表せます。ここで (7.21) をシグモイド関数に入れた値がその確率になる、と仮定します (7.23)。

$$P(C=1 \mid X=\boldsymbol{x}) = \sigma(f(\boldsymbol{x})) = \sigma(\boldsymbol{w}^\top \boldsymbol{x}) \tag{7.23}$$

$C=0$ となる確率と $C=1$ となる確率は足して 1 になることから、$P(C=0 \mid X)$ は (7.24) で表せます。

$$P(C=0 \mid X=\boldsymbol{x}) = 1 - P(C=1 \mid X=\boldsymbol{x}) = 1 - \sigma(\boldsymbol{w}^\top \boldsymbol{x}) \tag{7.24}$$

(7.23) が定める分類モデルを**ロジスティック回帰**と言います。

さらりと「シグモイド関数の値が確率になる」と仮定しましたが、「0 から 1 の範囲だから確率」というのは少し乱暴すぎるように聞こえます。シグモイド関数の式 (7.22) に確率らしさがないのも、そう感じさせる理由のひとつでしょう。実際、ロジスティック回帰の提案当初は強い批判もありました。

しかし、確率とは「事象（起きる可能性のあることがら）があらかじめすべてわかっている」「値が 0 以上で、足して 1」などの条件さえ満たせばいい枠組みでしたね（第 2 章）。全事象は $C=1$ と $C=0$、$P(C=1 \mid X)$ と $P(C=0 \mid X)$ はともに 0 以上 1 以下で、$P(C=1 \mid X) + P(C=0 \mid X) = 1$ なら、これはたしかに確率の条件を満たしています。「サイコロを振って 1 の目が出る確率は

1/6」の強いイメージがあると抵抗を感じる考え方でしょうが、確率とは枠組みの名前ということをここで再認識してください。

シグモイド関数の値を確率とする考え方についてはp.183のコラム「確率に変換する関数」でもフォローしますので、この仮定は認めて先に進むことにしましょう。

ロジスティック回帰を学習するポピュラーな方法のひとつは、確率モデル化した線形回帰でも使った最尤推定です（6.2節）。これは、観測データの起きる確率が最大となるようにパラメータを決める考え方でした。今、観測データ $D = \{(\boldsymbol{x}_n, t_n) \mid n = 1, \ldots, N\}$ においてそれぞれ $\boldsymbol{x}_n$ が正解カテゴリー $t_n = 0, 1$ に分類されるとし、D をロジスティック回帰モデルに当てはめたときの尤度関数 $L(\boldsymbol{w})$（観測データの起きやすさ）は (7.25) となります[*18]。

$$L(\boldsymbol{w}) = \prod_{(\boldsymbol{x}_n, t_n) \in D} P(C = t_n \mid X = \boldsymbol{x}_n) \tag{7.25}$$

この $L(\boldsymbol{w})$ を計算するには、$P(C \mid X)$ が (7.23)(7.24) のように C の値によって場合分けする形で書かれているのが困ります。そこで少々パズル的ですが、C の値を 1 と 0 としたことをうまく使って、(7.26) のように 1 つの式で表しましょう[*19]。

$$P(C = t \mid X = \boldsymbol{x}) = P(C = 1 \mid X = \boldsymbol{x})^t P(C = 0 \mid X = \boldsymbol{x})^{1-t} \tag{7.26}$$

$t = 1$ のとき、(7.26) の後半は 0 乗になって消え、前半のみ残ります。$t = 0$ のときは、前半が 0 乗になって後半のみ残ります。場合分けをうまく回避できました。

これを (7.25) に代入しますが、その前にあとの計算を楽するために $y_n = P(C = 1 \mid X = \boldsymbol{x}_n) = \sigma(\boldsymbol{w}^T \boldsymbol{x}_n)$ とおきます。このとき $P(C = 0 \mid X = \boldsymbol{x}_n) = 1 - P(C = 1 \mid X = \boldsymbol{x}_n) = 1 - y_n$ です。この y_n を使うと式が短くなって、見通しがよくなります。こうして尤度の式 (7.27) が得られます。この $L(\boldsymbol{w})$ を最大とする $\boldsymbol{w}$ が最尤推定の解です。

---

*18　独立同分布（5.2節）を仮定しています。

*19　ここでは便宜上 $0^0 = 1$ としています。

$$
\begin{aligned}
L(\boldsymbol{w}) &= \prod_{(\boldsymbol{x}_n, t_n) \in D} P(C = t_n \mid X = \boldsymbol{x}_n) \\
&= \prod_{(\boldsymbol{x}_n, t_n) \in D} P(C = 1 \mid X = \boldsymbol{x}_n)^{t_n} P(C = 0 \mid X = \boldsymbol{x}_n)^{1-t_n} \\
&= \prod_{(\boldsymbol{x}_n, t_n) \in D} y_n^{t_n} (1 - y_n)^{1-t_n}
\end{aligned} \tag{7.27}
$$

線形回帰の最尤推定と同様に、ロジスティック回帰の負の対数尤度関数 $E(\boldsymbol{w}) = -\log L(\boldsymbol{w})$ (7.28) を最小化するアプローチで問題を解くことを考えます[*20]。

$$
E(\boldsymbol{w}) = -\log L(\boldsymbol{w}) = -\sum_{(\boldsymbol{x}_n, t_n) \in D} t_n \log y_n + (1 - t_n) \log(1 - y_n) \tag{7.28}
$$

掛け算が足し算になったことで微分しやすくなりました。$E(\boldsymbol{w})$ の勾配は式 (7.29) で得られます（この式の計算方法は 8.4 節で解説します）。ただし $\boldsymbol{x}_n = (x_{n1} \ \cdots \ x_{nD})^\top$ としています。

$$
\frac{\partial E(\boldsymbol{w})}{\partial w_i} = \sum_{(\boldsymbol{x}_n, t_n) \in D} (y_n - t_n) x_{ni} \tag{7.29}
$$

一見簡単な方程式 $\frac{\partial E(\boldsymbol{w})}{\partial w_i} = 0$ が解ければ線形回帰と同様に最尤推定解を求められたのですが、y_n が $y_n = \sigma(\boldsymbol{w}^\top \boldsymbol{x}_n) = 1/(1 + \exp(-\boldsymbol{w}^\top \boldsymbol{x}_n))$ だったことを思い出すと、この方程式は簡単には解けないことがわかります。

この $E(\boldsymbol{w})$ のような、勾配の値は計算できるが、勾配 $= 0$ の方程式は解けないような関数を最小化する方法のひとつに、次章で紹介する勾配法があります。そこでロジスティック回帰の学習は次章に譲ることにします。

[*20] 式 (7.28) はロジスティック回帰モデルの**交差エントロピー**と呼ばれる指標を考えることでも得られます。つまり尤度を最大化することと、交差エントロピーを最小化することは同じ解を導きます。一般に最尤推定以外にもモデルの解法はさまざまあり、それらの目的関数や解が一致するとき、お互いの妥当性を補完し合うことができます。

Column

確率に変換する関数

ロジスティック回帰は「シグモイド関数の出力を確率とみなす」という仮定から出発しました。

$$\sigma(x) = \frac{1}{1+\exp(-x)}$$

この肝心のシグモイド関数が確率っぽくないという疑問が残っています。このようによくわからない関数ではなく、ちゃんと「実数を確率に変換する関数」を使えばいいのではないでしょうか。中でももっとも由緒正しく有名な関数は正規分布の累積分布関数です（3.2 節）。

$$F(x) = \int_{-\infty}^{x} \frac{1}{\sqrt{2\pi}s} \exp\left(-\frac{t^2}{2s^2}\right) dt$$

$F(x)$ は正規分布が x 以下の値を取る確率を返す関数であり、その確率らしさに疑問の余地はありません。$\sigma(x)$ ではなくこの $F(x)$ を使ったモデルは **プロビット回帰**と呼ばれています。プロビットは "probability unit" を短縮したものなので、名前からしても確率していますね。ではなぜ清く正しいプロビット回帰を勉強しないのでしょう。

先ほどの正規分布の累積分布関数 $F(x)$ の式を見てください。これをシグモイド関数の代わりにするということは、この積分の入った $F(x)$ を対数尤度に代入して、その勾配を求める必要があります。これは面倒な計算といくつもの工夫を重ねて、近似解を求める形でようやく解くことができます。

後から解くときに近似をするくらいなら、確率に変換する関数として「正規分布の累積分布関数に十分よく似た、その後の計算が楽な関数」を使ってしまうという手はどうでしょう。そこで、累積分布関数のグラフを見てみます。

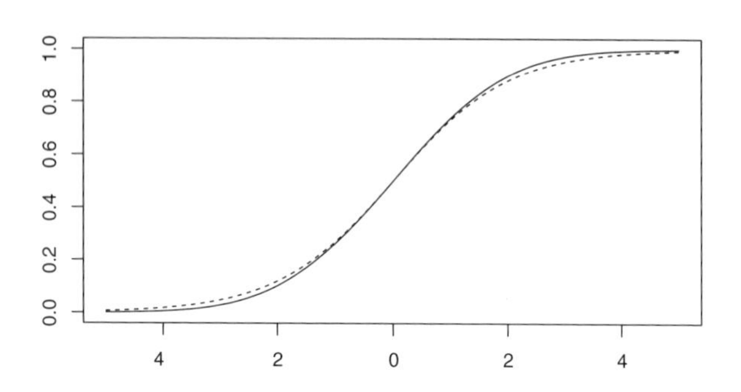

図：正規分布の累積分布関数とシグモイド関数

図の実線が正規分布の累積分布関数、そして、よく似た破線がロジスティック関数です。

ロジスティック関数は人口増加を記述するモデルのために作られた関数で、最初は指数的に増加していき、あるところから増加率が減少、最終的にはある値で頭打ちになるという振る舞いをします。この関数はとてもシンプルな式で書け、しかも勾配の計算も簡単であり、先ほど考えていた「正規分布の累積分布関数によく似た、その後の計算が簡単な関数」として適任です。こうして構成された「ロジスティック関数を使った、プロビット回帰の簡単計算版モデル」はロジスティック回帰と名付けられました。

現在では対数線形モデルやロジットとの関連でも理論付けられており、応用性も非常に高いことから、ロジスティック回帰の考え方は広く受け入れられています。

7.5 多値ロジスティック回帰

ここまで2値分類に限ってきましたが、ロジスティック回帰は多値分類へ拡張可能です。多値分類への拡張にあたっては、ソフトマックス関数を使った $P(C \mid X)$ のモデリングと、尤度の計算に適したカテゴリーのベクトル表現という2つの要点があります。順序は逆ですが、先にカテゴリーのベクトル表現について説明します。

2 値ロジスティック回帰では正解データを $C = 0, 1$ で表現していました。K 通りのカテゴリーがある場合、これを $C = 0, 1, \ldots, K-1$ とする手が思いつくでしょう。しかしこの素直でわかりやすい方法では (7.26) の「値が 0, 1 であることを使って $P(C \mid X)$ の場合分けを回避」が使えません。

そこで、k 番目の値のみ 1、残りは 0 である K 次ベクトル $(0 \ \cdots \ 0\ 1\ 0 \ \cdots \ 0)^\top$ で k 番目のカテゴリーを表現します。このようなベクトルを **1-hot ベクトル**や **1-of-K 表現** と言います。

カテゴリーの確率変数 C は 1-hot ベクトル $\boldsymbol{t}_n = (t_{n1} \ \cdots \ t_{nK})^\top$ をとるとします。$\boldsymbol{t}_n$ の値はベクトルですから、その要素 $C = (C_1 \ \cdots \ C_K)^\top$ のそれぞれもまた確率変数となり、k 番目のカテゴリーに属するという事象は $C_k = 1$ で表現できます (1 つだけが 1 という条件から、他の C_j はすべて 0 に決まる)。

この C, C_k を使うと確率分布 $P(C \mid X)$ は (7.30) のように書き表せますが、場合分けを含むため尤度関数を書くときに困ります。

$$P(C = \boldsymbol{t} \mid X) = \begin{cases} P(C_1 = 1 \mid X) & (t_1 = 1 \text{のとき}) \\ P(C_2 = 1 \mid X) & (t_2 = 1 \text{のとき}) \\ \quad \vdots & \\ P(C_K = 1 \mid X) & (t_K = 1 \text{のとき}) \end{cases} \tag{7.30}$$

ここで $t_k = 1$ に対応する 1-hot ベクトルでは $j \neq k$ なすべての j で $t_j = 0$ であることを使うと (7.31) のように整理できます。

$$P(C = \boldsymbol{t} \mid X) = \prod_{k=1}^{K} P(C_k = 1 \mid X)^{t_k} \tag{7.31}$$

この表記を使うことで、$D = \{(\boldsymbol{x}_n, \boldsymbol{t}_n)\}$ に対する尤度関数 $L(\boldsymbol{w})$ は (7.32) と書けます。

$$L(\boldsymbol{w}) = \prod_{(\boldsymbol{x}_n, \boldsymbol{t}_n) \in D} \prod_{k=1}^{K} P(C_k = 1 \mid X = \boldsymbol{x}_n)^{t_{nk}} \tag{7.32}$$

次に多値化におけるもうひとつのポイントである $P(C_k = 1 \mid X)$ のモデリングです。2 値ロジスティック回帰では、実数を取る関数をシグモイド関数で確率に変換しました。多値では $\sum_{k=1}^{K} P(C_k = 1 \mid X) = 1$ の制約があります。これを満たすように、KD 個のパラメータ (w_{ik}) を使って (7.33) とモデリングします。

$$P(C_k = 1 \mid X = \boldsymbol{x}) = \frac{\exp\left(\sum_i^D w_{ik} x_i\right)}{\sum_j^K \exp\left(\sum_i^D w_{ij} x_i\right)} \tag{7.33}$$

(7.33) の分子と分母の形から、$\sum_{k=1}^{K} P(C_k = 1 \mid X = \boldsymbol{x}) = 1$ であり、また exp 関数は常に正であることから、これは確率の枠組みを満たすことがわかります。

この仕組みを一般化すると、$\boldsymbol{z} \in \mathbb{R}^K$ に対して定義された**ソフトマックス関数** (7.34) となります。ソフトマックス関数は深層学習で分類モデルを記述するときもよく使われています。

$$\mathrm{Softmax}(\boldsymbol{z}) = \left(\frac{\exp(z_1)}{\sum_{k=1}^{K} \exp(z_k)} \cdots \frac{\exp(z_K)}{\sum_{k=1}^{K} \exp(z_k)} \right)^\top \tag{7.34}$$

多値ロジスティック回帰が、$K = 2$ のときに 2 値のロジスティック回帰に一致していることを確認しておきましょう。$K = 2$ のとき、$P(C_1 = 1 \mid X)$ は (7.33) より (7.35) となります。その分子分母を $\exp\left(\sum_i^D w_{i1} x_i\right)$ で割ると (7.36) となります。

$$P(C_1 = 1 \mid X = \boldsymbol{x}) = \frac{\exp\left(\sum_i^D w_{i1} x_i\right)}{\exp\left(\sum_i^D w_{i1} x_i\right) + \exp\left(\sum_i^D w_{i2} x_i\right)} \tag{7.35}$$

$$= \frac{1}{1 + \exp\left(\sum_i^D w_{i2} x_i\right) \Big/ \exp\left(\sum_i^D w_{i1} x_i\right)} \tag{7.36}$$

$$= \frac{1}{1 + \exp\left(\sum_i^D (w_{i2} - w_{i1}) x_i\right)} \tag{7.37}$$

(7.37) で $w_i = w_{i2} - w_{i1}$ とおけば、これは 2 値のロジスティック回帰に一致します。

Column

オーバーフローとアンダーフロー

ソフトマックス関数 (7.34) を数式のとおりプログラミングすると問題が起きます。本書では実装の話は基本触れませんが、この話題は簡単に紹介しておきましょう。

数式では exp は常に正ですが、コンピュータ上の計算結果では必ずしも正の値にはなりません。以下は Python（numpy）で実行した例ですが、他の処理系でも同様の挙動を示します。

```
import numpy
print(numpy.exp(709)) # 8.218407461554972e+307
print(numpy.exp(710)) # inf (Warning あり)

print(numpy.exp(-745)) # 4.9406564584124654e-324
print(numpy.exp(-746)) # 0.0
```

これはコンピュータで扱える実数の範囲を超えてしまって値を表現できなくなる現象で、大きすぎて表現できなくなることを**オーバーフロー**、小さすぎるのを**アンダーフロー**と言います（処理系や設定によっては、オーバーフローやアンダーフローで警告やエラーが出ます）。

上の例は倍精度（64 ビット）の浮動小数の場合ですが、機械学習でよく用いる GPU では単精度（32 ビット）が一般的です。単精度の場合、表現可能な範囲はさらに狭くなります。

多くの処理系で inf（無限大）はどの数と足し算・掛け算しても inf なため、オーバーフローが起きると学習中のパラメータがすべて inf になります。ソフトマックス関数でアンダーフローが起きると、本来は常に正であるはずの分母が 0 になり、ゼロ除算エラーが起きます。

それを防ぐ鍵として、ソフトマックス関数の入力ベクトルの各要素から共通の定数を引き算しても結果が変わらないことを使います (7.38)。

$$
\begin{aligned}
\frac{\exp(z_k - \alpha)}{\sum_{j=1}^{K} \exp(z_j - \alpha)} &= \frac{\exp(z_k)\exp(-\alpha)}{\sum_{j=1}^{K} \exp(z_j)\exp(-\alpha)} \\
&= \frac{\exp(z_k)\exp(-\alpha)}{\exp(-\alpha)\sum_{j=1}^{K} \exp(z_j)} \\
&= \frac{\exp(z_k)}{\sum_{j=1}^{K} \exp(z_j)} \qquad (7.38)
\end{aligned}
$$

「すべての値がオーバーフローを起こさず、少なくとも1つの値がアンダーフローを起こさない」ような定数 α をうまく選べば、$\frac{\exp(z_k-\alpha)}{\sum_{j=1}^{K}\exp(z_j-\alpha)}$ を代わりに計算することでオーバーフロー&アンダーフロー問題を解決できます。そのような都合のいい定数を見つけるのは一見難しそうですが、実は $\alpha = \max_j z_j$ でいいです。なぜその α でうまくいくのか考えてみるとおもしろいでしょう。

第8章

最適化

第8章

最適化

「学習」という言葉には何か高度なことをしている響きがありますが、機械学習が実際にやっているのは、適当なモデルを決めて一番良いパラメータを選ぶことでした。機械学習の多くのモデルでは「誤差がもっとも小さい」あるいは「尤度（観測された事象の確率）がもっとも大きい」といった指標で「一番良い」を選びます。つまり「関数を最小（または最大）とする $\boldsymbol{w}$ を求める」問題に落とし込みます。この「特定の関数の最小化（または最大化）問題に落とし込む」という枠組みは強力で、機械学習に限らず物理学なども含めた多くの分野で使われています。

こうした関数の最大点または最小点を見つける手法全般は**最適化**と呼ばれ、深く幅広く研究されており、教科書や授業も数多くあります*1。関数の最大化は、符号を反転すると最小化になりますから、以降は関数を最小点を見つける問題に絞って話します。

関数の最小点を答える問題は中学や高校の数学にもありましたから、特に難しくなさそうに感じるかもしれません。しかしそれは1次元空間上に限った話です。機械学習の問題の多くがそうであるように、何万次元以上の高次元空間上での最適化問題を厳密に解くのは不可能と言っていいほど難しいです。そこで関数最適化の分野ではさまざまな近似解法が開発されています。

機械学習でよく用いられる最適化手法は次の3種類に分類できます。

- **アプローチ 1**：微分＝0 の方程式を解く
- **アプローチ 2**：解の候補を徐々に低い方に動かす
- **アプローチ 3**：乱数を使う

アプローチ1は、最小点で関数の傾きが0になることから、微分 $=0$ の方程式の解に最小点が含まれることを利用します。第4章の線形回帰はこのアプローチで解きました。

このアプローチは高速に正確な解が得られますが、関数が簡単である場合にしか使えません。具体的には、関数が微分可能で、微分して得られる導関数が式の形で記述できて、その式 $=0$ の方程式が解ける、という厳しい条件です。この条件を満たすモデルは残念ながら少ないです。

*1 プログラマが「最適化」という言葉を聞くと、プログラムの実行を高速に、あるいはサイズが最小になるようにコードを書き換える操作（あるいはコンパイラが実行バイナリに対してその操作を行うこと）を思い浮かべるでしょうが、ここでいう最適化とはもちろん異なるものです。

アプローチ2は、最初に解の候補点を乱数などで決め、その点より関数の値が小さくなる次の候補点を選ぶことを繰り返すことで、最小点にたどり着くという方法であり、反復法と呼ばれます。本章ではこの反復法のひとつである**勾配法**を中心に説明します。

勾配法もアプローチ1と同じく関数の微分を使う方法です。アプローチ1は導関数を式の形で求める必要があるのに対し、勾配法は候補点での微分の値（微分係数）さえ求められればよいため、より複雑で巨大なモデルにも用いることができます。特に深層学習で用いる解法はほぼすべてこの勾配法（特に8.3節の確率的勾配降下法）と言っていいでしょう*2。

乱数を使うアプローチ3の中で、もっともシンプルなものに**ランダムサーチ**があります。これは「乱数で挙げた候補点から、関数の値が一番小さい点を選ぶ」という手法です。ランダムサーチは深層学習のモデルパラメータの探索などでよく用いられています。

しかしさすがにランダムサーチはとても効率が悪いので、乱数を使いながら効率的に探索でき、解のベイズ事後分布も得られるマルコフ連鎖モンテカルロ法（MCMC）と呼ばれる手法もあります。

8.1 勾配法

最適化問題では、最小化の対象となる関数を**目的関数**と呼びます。目的関数が整数などの離散な入力に対して定義されるとき、その最適化は特に「整数計画問題」などと呼ばれ、こちらも非常に応用先の多い分野になります。話題の量子コンピュータも整数最適化問題を解くことを大きな目的のひとつとしています。

一方、機械学習の目的関数は基本的に実数などの連続値上で定義された、ほとんどの点で連続かつ微分可能な関数になります。これから紹介する勾配法は、そうした連続最適化問題で有力な手法です。

反復法や勾配法の動機を知るために、まず**図8.1**のような1次元空間上の関

*2 深層学習とは、巨大なモデルで微分係数を効率良く求める誤差逆伝播法とこの勾配法を組み合わせて解けるモデル全般、と定義されることもあります。また本来、微分不可な関数には勾配法は使えませんでしたが、尖った点での微分をうまく扱う劣微分と呼ばれる手法が発展し、そうした関数でも勾配法が応用できるようになっています。

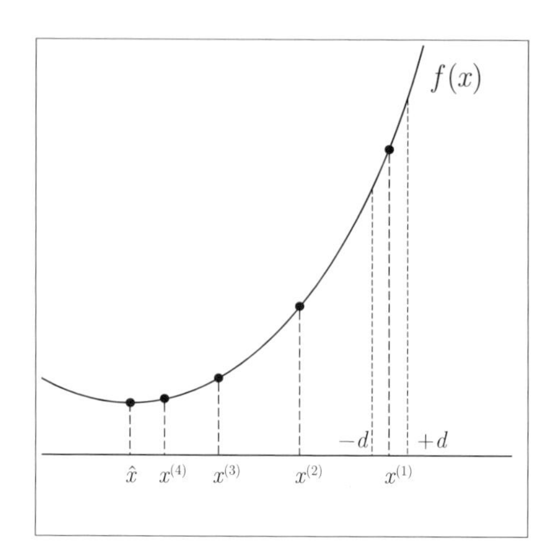

図8.1：1次元の関数 $f(x)$ の最小点

数 $f(x)$ を考えてみます。

図8.1 の $f(x)$ の最小点は $x = \hat{x}$ です。このように、グラフを描けば最小点は容易に見つかります。しかしグラフが描けるのは低次元の関数に限られます。これは人間が一般に3次元までしか認識できないとか、紙面やコンピュータの画面で高次元を表現する方法がないこととかは関係なく、グラフを描くのに必要な計算が膨大すぎて実行不可能というもっと深刻な理由があります。

関数 $f(x)$ のグラフとは、つまるところ点 $(x, f(x))$ の集合です。これを図にするには、点 $(x, f(x))$ の座標を十分多く集める必要があります。例えば **図8.1** も、グラフの範囲の100個の点 x について関数の値 $f(x)$ を計算し、それらの点 $(x, f(x))$ たちを短い線分でつないで描かれています[*3]。

目的関数が1次元のときはこのように簡単にグラフが描けますが、高次元になるとどう変わるでしょう。2次元の目的関数 $f(\boldsymbol{x})$ に対し、グラフに相当する点 $(\boldsymbol{x}, f(\boldsymbol{x}))$ の集合を、同様に適当な領域を軸ごとに100等分して得るには、関数の値を 100^2 回計算する必要があります。10次元なら 100^{10} 回、100

[*3] 座標を計算する点の間隔も重要です。点と点を線分でつないでグラフを描くには、その区間にて1次関数で関数を近似できることを仮定する必要があります。しかし未知の関数に対して、間隔をいくつにすればその仮定を満たせるかを知る方法はありません。また、そもそもグラフを描こうとした範囲に最小点が入っていなければ意味がありません。そして、どの範囲に最小点があるか知る方法もやはりありません……。

次元なら 100^{100} 回です。仮に関数の値を 1 秒間に 1 億回計算できたとしても、100^{10} 回計算するには 5 億年、100^{100} 回計算するには 5×10^{188} 年かかってしまいます。ちなみに宇宙の年齢が 約 140 億 $= 1.4 \times 10^{10}$ 年と言われています。

機械学習や自然言語処理の問題では数百次元、数万次元の空間上の関数を扱うことも珍しくありません。さらに深層学習になると、パラメータの次元はときに億を超えます。グラフはどうやっても描けません。

グラフを描けない状態で関数の最小点を求める方法のひとつに、徐々に解に寄せていく**反復法**という手法があります。

反復法は最小点の候補を繰り返し更新していく手法なので、その更新された i 回目の候補点を $x^{(i)}$ と書くことにします。あとで複数次元になったときに成分を表す添字が増えても紛らわしくないように、更新回数を表す添字をこのようにカッコに入れて肩に乗せる表記はよく使われます。

まず最初に、乱数などを使って適当な 1 点 $x = x^{(1)}$ を選びます（**図8.1**）。もちろん $x^{(1)}$ は最小点ではありません。しかし $x^{(1)}$ が最小でないことはなぜわかるのでしょう。「グラフを見ればわかる」は禁止です。

そこでグラフ全体ではなく、点 $x^{(1)}$ の周りをちょっとだけ見てみます。具体的には、とても小さい値 $d > 0$ に対して、$x^{(1)} - d$ と $x^{(1)} + d$ での関数の値を調べます。すると、その左側 $x^{(1)} - d$ では $x^{(1)}$ より関数の値が小さいことから、$x^{(1)}$ が最小点ではないことと、$x = x^{(1)}$ より左側で関数の値がより小さくなることがわかります。そこで、注目点を少し左の $x^{(2)}$ に移して、そこで同じように周りをちょっとだけ見て、また少し小さい $x^{(3)}$ に移動します。これを $x^{(4)}, x^{(5)}, \ldots$ と繰り返すと最小点 $x = \hat{x}$ に近づいていくことが期待できます。このように値が改善する方向に注目点を動かすことを繰り返して解を求めるのが反復法です。

ところで「$x^{(1)}$ の少し左の $x^{(2)}$」を取りましたが、$x^{(1)}$ から $x^{(2)}$ はどれくらい動かせばいいでしょう。幅が小さいとゴールにたどり着くのに時間がかかりすぎ、大きいと肝心の最小点を飛び越してしまいます。この考え方をどうやって多次元関数 $f(\boldsymbol{x})$ に拡張するか、という問題もあります。高次元になると「周りをちょっとだけ見る」のすら難しくなります。

そこで $x^{(i)} \pm d$ での関数の値を見る代わりに、点 $x^{(i)}$ での関数の傾きを見てみます。傾きが正なら $x^{(i)}$ の負の側での関数の値が小さくなりますし、傾きが負なら逆の $x^{(i)}$ の正の側が小さくなります。

そして、**図8.1** の $x^{(i)}$ たちの傾きを比べてみると、解 $\hat{x}$ に近づくほど傾きは0に近くなっています。このように、一般に傾きが大きいときは最小点は遠く、小さいと近い傾向があるつまり、傾きの大きさにもとづいて動かす距離を決めれば、先の問題の軽減が期待できます。

この考え方を数式で表しましょう。$x^{(i)}$ での関数 $f(x)$ の傾き（微分係数）を $f'\left(x^{(i)}\right)$ とすると、$x^{(i)}$ を傾きと逆の方向に、傾きの大きさだけ動かすには、$x^{(i)}$ から $f'\left(x^{(i)}\right)$ を引けばよいです (8.1)。

$$x^{(i+1)} = x^{(i)} - f'\left(x^{(i)}\right) \tag{8.1}$$

この操作を更新とみなして、新しい点を $x^{(i+1)}$ とおきます。これを $x^{(1)}$ から始めて $x^{(2)}, x^{(3)}, \ldots$ と繰り返して $x^{(i)}$ たちの列を構成すると、徐々に $\hat{x}$ に近づくにつれて傾きが小さく（0に近く）なり、最終的にあまり動かなくなった点（＝傾きが0に近い点）を解とします。多次元関数に一般化したときは勾配を使うことから、このような勾配を使った反復法全般を**勾配法**と呼びます。

(8.1) がもっともシンプルな勾配法ですが、実際には傾きをそのまま引き算するのは移動量が大きすぎて、安定して解に向かう動きにならないことが知られています。そこで傾きに適当な小さな重み η（イータ）を掛け算することで、移動量を調整します (8.2)。機械学習ではこの η を**学習率**と呼びます[*4]。

$$x^{(i+1)} = x^{(i)} - \eta f'\left(x^{(i)}\right) \tag{8.2}$$

学習率は理論的に決まる値ではなく、問題によって適切に決める必要があります。学習率 η が大きいと学習は速くなりますが、最小点を飛び越えるなど学習が安定しにくいという難点があります。学習率が小さいと安定しやすいですが、学習時間は増えます。

本書で紹介するようなシンプルなモデルでは、$\eta = 0.01$ や 0.001 などの小さめの学習率を選ぶことでだいたいうまくいきますが、モデルが複雑になると、学習率の決め方が解の求めやすさや推定されたモデルの性能に大きな影響を与えます。初期は学習率を大きくしておいて、傾きが小さくなる（＝解に近づく）

---

*4 学習率に当たる記号は η 以外にも λ や α もよく使われます。学習率（Learning Rate）という名前からは L に相当する λ を使うのも自然ですが、すでに正則化係数で用いているので、本書では η を採用しました。

につれて学習率も小さくしていくといった工夫もよく行われます。より厳密に性能を求めたい場合は、η もモデルパラメータのひとつとみなして、モデル選択（第9章）の方法を使って決めることもあります。また深層学習はそのモデルの複雑さから一般に学習が難しく、$\eta = 10^{-4}$ やさらに小さい学習率が選ばれることも珍しくありません[*5]。

多次元関数に対する勾配法では、名前のとおり傾きの代わりに勾配を使います。勾配（偏微分の値のベクトル）は関数の値がもっとも大きく変化する方向を表しますので、注目点を勾配と逆の方向に動かすことで、1次元の場合と同様に解に近づくことが期待できます[*6]。

これを数式で表しましょう。D 次元の関数 $f(\boldsymbol{x})$ の、点 $\boldsymbol{x}^{(i)} \in \mathbb{R}^D$ での勾配ベクトルを $\frac{\partial f}{\partial \boldsymbol{x}}\left(\boldsymbol{x}^{(i)}\right)$ と書きます。このとき $\boldsymbol{x}^{(i)}$ を勾配ベクトルと逆方向に動かしたものが新しい点 $\boldsymbol{x}^{(i+1)}$ になります (8.3)。同様に学習率 η を重みとして掛け算することで移動量を調整します。

$$\boldsymbol{x}^{(i+1)} = \boldsymbol{x}^{(i)} - \eta \frac{\partial f}{\partial \boldsymbol{x}}\left(\boldsymbol{x}^{(i)}\right) \tag{8.3}$$

この $\frac{\partial f}{\partial \boldsymbol{x}}$ という勾配の記法は慣れていないと抵抗を感じるでしょう。その場合は無理をせず成分ごとに考えるとよいです。

例えば3次元関数 $f(x_1, x_2, x_3)$ の場合、その勾配は $\left(\frac{\partial f}{\partial x_1}\ \frac{\partial f}{\partial x_2}\ \frac{\partial f}{\partial x_3}\right)^\top$ となります。今、i 番目の注目点 $\left(x_1^{(i)}\ x_2^{(i)}\ x_3^{(i)}\right)^\top$ から、勾配の逆方向に動かした点 $\left(x_1^{(i+1)}\ x_2^{(i+1)}\ x_3^{(i+1)}\right)$ を求めるなら、(8.4) のように更新します。

$$\begin{cases} x_1^{(i+1)} = x_1^{(i)} - \eta \frac{\partial f}{\partial x_1}\left(x_1^{(i)}, x_2^{(i)}, x_3^{(i)}\right) \\ x_2^{(i+1)} = x_2^{(i)} - \eta \frac{\partial f}{\partial x_2}\left(x_1^{(i)}, x_2^{(i)}, x_3^{(i)}\right) \\ x_3^{(i+1)} = x_3^{(i)} - \eta \frac{\partial f}{\partial x_3}\left(x_1^{(i)}, x_2^{(i)}, x_3^{(i)}\right) \end{cases} \tag{8.4}$$

(8.4) を $\boldsymbol{x}^{(i)} = \left(x_1^{(i)}\ x_2^{(i)}\ x_3^{(i)}\right)^\top$ や $\frac{\partial f}{\partial \boldsymbol{w}} = \left(\frac{\partial f}{\partial w_1}\ \frac{\partial f}{\partial w_2}\ \frac{\partial f}{\partial w_3}\right)^\top$ を使って書きなおすと (8.3) になります。

---

*5 最近は勾配ベクトルの大きさを制限して（指定した大きさを超えていれば適切な値で割る）、その代わりに学習率は 1.0 などの大きめの値から始めるという手法も流行っています。

*6 といっても、最小点（極小点）は勾配の方向に必ずしもありませんし、最小点は遠いのに勾配が小さくなってしまうこともよくあることです。勾配法ではそれぞれの場合で効率よく解くための工夫が数多く提案されており、そのうち定評のあるものが選ばれて機械学習や深層学習のライブラリにて実装されています。

あらためて、勾配法は「勾配を使って、最小点に近づくだろう更新を繰り返すこと」です。したがって、(8.3) 以外にも勾配法に分類される更新方法が考えられています。それらと区別するため、(8.3) で定まる勾配法は**最急降下法**と呼ばれます。この名前は、(8.3) の更新式を坂道（グラフ）にボールを置くともっとも急な方向（勾配の逆方向）に転がる様子にたとえています[*7]。

8.2 勾配法の性質

勾配法を含む反復法全般には「局所解」「初期値依存」と呼ばれる性質があります。反復法では必ず最初に適当な開始点を1つ決めます。これを**初期値**と言います。

図8.2 を例に説明しましょう。このグラフの最小点は $x = \hat{x}$ にあります。この最小点を反復法で見つけるとき、初期値を $x = x_1$ または x_2 から始めると最小点 $x = \hat{x}$ にたどり着いてくれそうです。しかし $x = x_4$ または x_5 から始めると $x = \tilde{x}$ に行ってしまうでしょう。これは周囲と比べるとたしかに小さい値ですが、全体で見たときには最小値ではありません。このような値を**局所解**と呼んで、その中で本当に最小値である解を**大域解**と区別します。**図8.2** で、大域解は $\hat{x}$ だけですが、局所解は $\hat{x}$ と $\tilde{x}$ です。

局所解が1つしかない場合は局所解＝大域解ですが[*8]、一般に局所解がいくつあるか、求まった解が大域解かどうかを知る方法はありません。勾配法以外のどの反復法（EM 法など）でも、求められるのは局所解になります。そして局所解が複数あるとき、反復法によってどの局所解が求まるかは初期値に強く依存します。この性質を**初期値依存**と言います。

初期値依存の対策としてもっとも単純で有効な方法は、初期値をランダムに取りなおし、局所解を何度も求めなおすことです。そのように求めた複数の局

[*7] 最急降下法をボールの転がりという物理的な現象でたとえていますが、正確には、更新のたびにその点にボールを静止させて、動き始めた方向だけ見てその方向にボールを動かし、また次の点に止めたボールを置くような操作に相当します。最初にボールを置いて、あとはそのまま転がっていく様子をモデル化したような手法はモーメンタム法（慣性法）と呼ばれます。

[*8] 凸最適化（凸集合上の凸関数の最適化問題）と呼ばれる特別な問題では局所解が1ヶ所しかなく、最小解に一致することが保証されていますが、多くの問題ではその限りではありません。なお解が「1点」ではなく「1ヶ所」という言い方をしているのは、凸関数の最小値が平らに広がっている場合があるためです。コラム「2乗の代わりに絶対値を使うと？」の中心との差の絶対値のグラフ（p.62）はまさに最小値が平たい底になっている凸関数の例です。

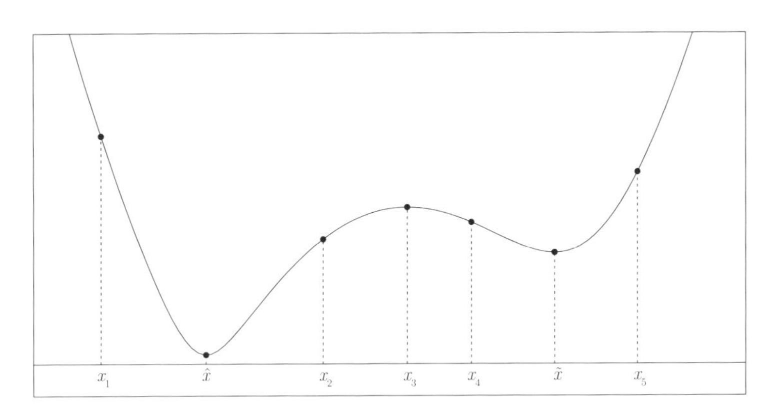

図8.2：局所解と初期値依存

所解の中から関数の値が一番小さいものを採用することで、初期値への依存性をある程度弱められます。

他にも、関数がなだらかで長いスロープのような形をしていると、通常の勾配法ではそのスロープをゆっくり下ることになり、いつまでも局所解にたどり着かないという現象もよく起きます。自分のすぐ近くしか見えない状態で長い滑り台を滑っていて、もうすぐゴールなのか、ずっとあとに急にストンと落ちるのかまったくわからないイメージです。

こうした勾配法の性質は、目的関数の厳密な最小解を求めたい場合には致命的です。しかし機械学習は、データがうまくあてはまるようにモデルのパラメータを調整することが目的であり、最小解を求めるのはあくまでも手段です。むしろ機械学習では、厳密な最小解を求めることより、複雑なモデルと大規模なデータに対する最適化問題を現実的な時間で解くことのほうが関心あるでしょう。次節で紹介する確率的勾配降下法は、大規模なデータに効果的な近似最適化手法の中でももっともよく使われるもののひとつです。

8.3 確率的勾配降下法

機械学習の目的関数は基本的に (8.5) のような形をしています。ここで N はデータの件数に相当します。

$$f(\boldsymbol{w}) = \sum_{n=1}^{N} f_n(\boldsymbol{w}) \tag{8.5}$$

$f_n(\boldsymbol{w})$ は「n の指すデータ点に対して決まる評価値」であり、モデルによって 1 つの点に対する誤差であったり、負の対数尤度であったりします。この $f_n(\boldsymbol{w})$ をデータ点の数だけ和をとったものが目的関数 $f(\boldsymbol{w})$ となるという枠組みはモデルによらず共通でした。

これを勾配法で解くために $\boldsymbol{w}$ で微分すると、同様に「データ点の分だけ和をとる」形になっています。

$$\frac{\partial f(\boldsymbol{w})}{\partial \boldsymbol{w}} = \sum_{n=1}^{N} \frac{\partial f_n(\boldsymbol{w})}{\partial \boldsymbol{w}}$$

$$\boldsymbol{w}^{(i+1)} = \boldsymbol{w}^{(i)} - \eta \sum_{n=1}^{N} \frac{\partial f_n\left(\boldsymbol{w}^{(i)}\right)}{\partial \boldsymbol{w}} \tag{8.6}$$

勾配法でパラメータを更新するには、データ点の個数だけ $\frac{\partial f_n(w)}{\partial w}$ を計算しなくてはいけません。データが 10 個や 100 個なら問題ないですが、1 万個、100 万個、1 億個となると深刻です。

もし (8.6) から単純に $\sum$ がなくなって (8.7) のように簡単になったら、n で和をとる必要がなくなり、計算が大変という問題が一見解決します。

$$\boldsymbol{w}^{(i+1)} = \boldsymbol{w}^{(i)} - \eta \frac{\partial f_n\left(\boldsymbol{w}^{(i)}\right)}{\partial \boldsymbol{w}} \tag{8.7}$$

しかし計算が簡単になるとしても、さすがに乱暴すぎるように思えます。欲しいのは $f_n(w)$ の合計が最小になる点ですが、各 $f_n(w)$ の w に関する最小点は一般には異なるでしょう。つまり (8.7) の更新は、n が変わるごとに毎回異なる目標に近づこうとするようなものです。

ところが更新に使う n を毎回ランダムに選ぶことで、それぞれ異なる目標に近づく動きが平均されて、全体として $f_n(w)$ の合計の最小点（極小点）にだいたい近づいていく、ということが知られており、(8.6) よりもはるかに広く使われています。この (8.7) にもとづいて最適化問題を解く手法は**確率的勾配降下法**と呼ばれています。

最急降下法に対する確率的勾配降下法のメリットは、まずやはり圧倒的に高速であることです。ビッグデータという言葉を持ち出すまでもなく、1 回のパラメータ更新がデータ量 N に依存するというのは致命的です。

したがって最急降下法を使うのは計算時間を犠牲にしてもより良い最小解が欲しいとき……と言いたいところですが、実は確率的勾配降下法のほうがより良い解（目的関数の値がより小さい点）が求まることも珍しくありません。

これは 8.2 節で紹介した局所解の問題が関係していると考えられています。機械学習の目的関数は、それぞれが異なる最小値を持つ関数 $f_n(w)$ の合計の形で表されます。その関数は小さな凹みが無数にある形をしているだろうと容易に想像されます。そうした関数の最適化問題を解くとき、最急降下法では一番手前にある小さな凹みに捕まってしまいますが、確率的勾配降下法では更新ごとに異なる目標に近づく動きをするため、そうした小さな凹みには捕まりにくいと言われます。

ただ確率的勾配降下法では乱数を使うことから、同じデータに対しても実行するたびに異なる結果が得られます。更新対象のデータを乱数で選ばなければ、目標に向かう動きが平均されずに偏った結果になることがわかっています。名前の「確率的」とはアルゴリズムに乱数が含まれるので実行するたびに違う結果が得られることを意味しています。確率を使うわけでも、確率モデルにしか使えないわけでもありません[*9]。

確率的勾配降下法は、先に述べたとおり、ランダムに訓練データを選んで更新しつづければ、だんだんと局所解に近づくことがわかっています。ただし、例えばパラメータの更新を限りなく繰り返せるなど、かなり理想的な設定のもとで考察されています。現実には更新は現実的な有限の回数しか行われません。すると、ガチャガチャ（コインを入れてレバーを回すと景品がランダムに出る機械）を続けて回しても同じ景品ばかり出るという現象がよく起きるように、データをランダムに選ぶだけでは、たまたまあるデータの評価回数が偏って増えてしまうということが起きがちです。

そこで、データを都度ランダムに選ぶ代わりに、データをランダムに並び替えて、その順番でパラメータの更新を行う方法で評価回数の偏りを防ぎます。データがその順番の最後まで評価されたら、またデータをランダムに並び替えて最初から始めます。

[*9] この意味の「確率的」の反対語は、初期条件に対して結果が一意に決まることを指す「決定的」です。確率的勾配降下法などの確率的なアルゴリズムにおいて、実行するたびに結果が変わることを嫌う場合は、擬似乱数のシードを固定するなどの工夫が行われます。

最急降下法のようにデータ全体をまとめて使って学習する手法全般は**バッチ学習**、確率的勾配降下法のように一度に使うのはデータの一部分ずつであるような学習は**オンライン学習**と呼ばれます。オンライン学習でデータを1回ずつ使って学習が完了することは基本的になく、データ全体を何周も計算させます。そのためオンライン学習もバッチ学習と同様に、次の周回のためにデータ全体を保存しておく必要があります。オンライン学習において訓練データをちょうど一周分使うことを**エポック**と言います。50エポックというと、50周分のデータを学習することを指します[*10]。

なお「オンライン学習」のオンラインは、回線やネットワークに繋がっていることを指す「オンライン」ではありません。「学習」や「最適化」もそうでしたが、一般的な用法や他分野と違う意味で使われる用語に惑わされないようにしましょう。

また、深層学習のような巨大なモデルの場合、素直な確率的勾配降下法のようにデータ1件ごとにパラメータの更新を行う学習では、一度に動かせるパラメータの割合が少なすぎて学習が遅く、しかも結果も安定しにくいことが知られています。そこでデータ全体 D を50〜200件ずつなど決まった大きさの小さな部分集合 B_m に分けて、パラメータの更新をその B_m 単位で行うという工夫が行われます。このバッチ学習とオンライン学習の中間のアプローチを**ミニバッチ**と言います。その他にも深層学習では学習の高速化と安定性を図ってさまざまな工夫が行われています。

機械学習では、本書で紹介した線形回帰のように計算一発で解が求まることは残念ながらほとんどありません。実用的なサイズのデータやアプリケーションはもちろん、実験用の簡単なモデルの多くでも反復法、つまりパラメータの更新を繰り返す逐次的な解法がもっぱら用いられます。

こうした逐次的な学習では、モデルから定まるのはパラメータの更新式だけなので、パラメータの初期値は別に決める必要があります。また多くの手法はその繰り返しの学習をいつ終了するべきかという疑問についても理論的に正しい答えを持ってはいません。

まず初期値を決めるにあたっては、8.2節でも紹介した初期値依存性を考慮す

*10 データを1回ずつしか使わない（学習済みのデータを捨てられる）タイプの学習は**ストリーム学習**と呼ばれ、オンライン学習よりも難しい問題になります。

る必要があります。これは逐次的なアルゴリズムによって求められる局所解が初期値の選び方に強く依存するというものでした。確率的勾配降下法ではある程度緩和してくれますが、それでも初期値依存は引きつづき大きな課題となっています。

シンプルで効果的な初期値依存対策として、初期値をランダムに取りなおして複数回学習を行い、求まった局所解の中で一番良いものを採用するというアプローチがあります。このアプローチでは学習コストが学習をやりなおす回数に応じて増えてしまいますが、追加のモデルや実装を必要としないこと、性能とコストの調整が容易なことから、実用でも実験でも広く用いられています。本書では紹介しきれませんが、特定のモデルに特化して初期値依存を緩和する工夫も数多く試みられています。

また一言で「ランダムな初期値」と言っても、どのような乱数を用いるのかという問題がありますが、これまた理論的な正解はありません。シンプルなモデルでは正規乱数（平均が 0、標準偏差が 1 の正規分布に従う乱数）などが好んで（あるいは消極的に）使われていましたが、最近は初期値をできるだけ小さく取る傾向が強いです。

パラメータが増えるに連れて過学習（4.5 節）が起きやすくなります。過学習はパラメータを小さく抑えることである程度防げました（4.6 節「正則化」）。パラメータを徐々に動かす反復法全般において、パラメータの初期値を小さくしておくと、学習後のパラメータも小さめになり、過学習を抑制する効果がある程度期待できます。そうしたことから特に深層学習では -10^{-4} から 10^{-4} の一様乱数のような、0 に極めて近い乱数を初期値とすることがよく行われています。

次に学習アルゴリズムの終了条件について考えます。

最適化問題の目的はもちろん最小値（極小値）を求めることであり、それがアルゴリズムの本来の終了条件です。特に反復法では、パラメータの更新を繰り返すうちにパラメータがほとんど変わらなくなってきた状態を**収束**したと言います。したがって、反復法の終了条件は収束の判定と言い換えることもできます。ただし数学の数列や極限で扱う「収束」とはまったく異なる、反復法の用語だということに注意してください。

もっともシンプルな収束判定は、パラメータの変化量（勾配法のときは特に勾配）があらかじめ決めておいた小さな閾値を下回ったら終了というものです。

ただし極小値の周辺の勾配が大きいと、パラメータの更新のたびに極小値を飛び越えてしまい、いつまで経っても勾配が小さくならないという現象が懸念されます。そこで学習が進むにつれて学習率を小さくしていくという方法がよく取られます。単純に決められた回数ごとに学習率を 0.5 倍する、あるいは更新しても目的関数の値が改善しなかったら極小値を飛び越えたとみなして学習率を減らす、などのアプローチが一般的です。この学習率を減らしていく具合をうまく調整するだけで学習の効率が結構変わるので、それを工夫する手法も数多く提案されています。

また深層学習のような巨大なモデルでは、パラメータ空間が広大かつ、1 回の更新（勾配の計算）が重いため、現実的な時間では収束しないことが十分考えられます。そのような場合はあらかじめ決めておいた学習回数（エポック数）の上限に達したら打ち切るということも行われます。

8.4 ロジスティック回帰の学習

7.4 節で紹介したロジスティック回帰の学習を確率的勾配降下法で導出してみましょう。ロジスティック回帰の目的関数（負の対数尤度関数）は (8.8) という形をしていました。

$$E(\boldsymbol{w}) = -\sum_{(\boldsymbol{x}_n, t_n)\in D} \{t_n \log y_n + (1-t_n)\log(1-y_n)\} \tag{8.8}$$

ここで D は訓練データ全体 $D = \{(\boldsymbol{x}_n, t_n) \mid n = 1, \ldots, N\}$、$y_n$ は各点ごとの予測確率です (8.9)。

$$y_n = P(C=1 \mid X = \boldsymbol{x}_n) = \sigma\left(\boldsymbol{w}^T\boldsymbol{x}_n\right) = \frac{1}{1+\exp(-\boldsymbol{w}^T\boldsymbol{x}_n)} \tag{8.9}$$

確率的勾配降下法を使うには (8.5) のように目的関数を $f(w) = \sum_n f_n(w)$ の形にする必要があります。そこで各データ点 $(\boldsymbol{x}_n, t_n) \in D$ に対して $E_n(\boldsymbol{w})$ を (8.10) とおくと、目的関数 $E(\boldsymbol{w})$ は $E_n(\boldsymbol{w})$ の和で表せます (8.11)。

$$E_n(\boldsymbol{w}) = -\{t_n \log y_n + (1-t_n)\log(1-y_n)\} \tag{8.10}$$

$$E(\boldsymbol{w}) = \sum_{(\boldsymbol{x}_n, t_n)\in D} E_n(\boldsymbol{w}) \tag{8.11}$$

確率的勾配降下法では、ランダムに選んだ $(\boldsymbol{x}_n, t_n) \in D$ に対し、(8.12) のようにパラメータ $\boldsymbol{w} = \boldsymbol{w}^{(i)}$ を $\boldsymbol{w} = \boldsymbol{w}^{(i+1)}$ に更新しますここで勾配 $\frac{\partial E_n}{\partial \boldsymbol{w}}$ は $E_n(\boldsymbol{w})$ 各成分方向での偏微分 $\frac{\partial E_n}{\partial w_j}$ を並べたベクトル、η は適当な学習率です。

$$\boldsymbol{w}^{(i+1)} = \boldsymbol{w}^{(i)} - \eta \frac{\partial E_n}{\partial \boldsymbol{w}} \left(\boldsymbol{w}^{(i)} \right) \tag{8.12}$$

ロジスティック回帰の利点のひとつは勾配が簡単に書けることです（p.183 のコラム「確率に変換する関数」も参照）。それを実感してもらうためにも、この $\frac{\partial E_n}{\partial w_j}$ は少していねいに計算してみましょう。

対数の微分と合成関数の微分から

$$\frac{\partial}{\partial w_j} \log y_n = \frac{1}{y_n} \frac{\partial y_n}{\partial w_j}$$

が得られますので、これを使って

$$\frac{\partial E_n(\boldsymbol{w})}{\partial w_j} = -t_n \frac{1}{y_n} \frac{\partial y_n}{\partial w_j} + (1 - t_n) \frac{1}{1 - y_n} \frac{\partial y_n}{\partial w_j} \tag{8.13}$$

となります。$\frac{\partial y_n}{\partial w_j}$ は

$$\begin{aligned}
\frac{\partial y_n}{\partial w_j} &= \frac{\partial}{\partial w_j} \left(\frac{1}{1 + \exp\left(-\sum_i w_i x_{ni}\right)} \right) \\
&= -\frac{\frac{\partial}{\partial w_j} \left\{ 1 + \exp\left(-\sum_i w_i x_{ni}\right) \right\}}{\left\{ 1 + \exp\left(-\sum_i w_i x_{ni}\right) \right\}^2} \\
&= \frac{x_{nj} \exp\left(-\sum_i w_i x_{ni}\right)}{\left\{ 1 + \exp\left(-\sum_i w_i x_{ni}\right) \right\}^2}
\end{aligned}$$

です。$\sum_i w_i x_{ni}$ を w_j で偏微分すると、w_j と掛け算されている x_{nj} のみが出てくるところがポイントです。ここで $y_n = \frac{1}{1+\exp\left(-\sum_i w_i x_{ni}\right)}$ から $\exp\left(-\sum_i w_i x_{ni}\right) = \frac{1}{y_n} - 1$ を使うと、

$$\frac{\partial y_n}{\partial w_j} = y_n^2 x_{nj} \left(\frac{1}{y_n} - 1 \right) = y_n(1 - y_n) x_{nj} \tag{8.14}$$

となります。(8.14) を (8.13) に代入すると (8.15) となり、勾配を簡単な式で求められることがわかりました。

$$
\begin{aligned}
\frac{\partial E_n(\boldsymbol{w})}{\partial w_j} &= \left\{ -t_n \frac{1}{y_n} + (1-t_n)\frac{1}{1-y_n} \right\} y_n(1-y_n)x_{nj} \\
&= \{-t_n(1-y_n) + (1-t_n)y_n\} x_{nj} \\
&= (y_n - t_n)x_{nj}
\end{aligned} \tag{8.15}
$$

最終的に学習率を η とすると、確率的勾配降下法によるパラメータの更新式は (8.16) となります。

$$
\boldsymbol{w}^{(i+1)} = \boldsymbol{w}^{(i)} - \eta(y_n - t_n)\boldsymbol{x}_n \tag{8.16}
$$

余談ですが、(8.15) に出てくる $y_n - t_n$ は予測（確率）y_n と正解 t_n の差です。これは誤差や残差などとも呼ばれます。つまりこの式は、勾配が誤差と入力の $\boldsymbol{x}_n$ の掛け算になることを表しています。これは深層学習のような複雑なモデルで勾配を計算するために用いられるバックプロパゲーション（誤差逆伝播法）の一番簡単な場合に相当します。

第9章

モデル選択

ここまでの章で見てきたとおり、機械学習ではモデルを決めることで求められる解の範囲が決まります。どれほどデータを集めて、どれほど素晴らしいアルゴリズムを駆使しても、モデルが表現できる範囲の解しか求まりません。仮にもっとも良い解が存在したとしても、その解がモデルで表現できるものと似ても似つかなければ、近い解も得られません。そのため、**モデル選択**は機械学習でもっとも重要なことのひとつと言えます。

「モデル選択」という言葉から、「正しいモデルを選ぶ」という印象を受けるかもしれません。しかし通常の問題では「正しいモデル」は存在しないか、存在したとしても不明です。正解モデルが存在するのは、あらかじめ決められたモデルから生成した人工データなどの特別な場合に限られます。

1.2 節「モデルとは」にて、モデルは本物のある側面に似せた偽物であり、どの一面を似せるかによって異なるモデルが得られることを説明しました。つまり「正しいモデル」とは「正しい偽物」です。矛盾してますね。

統計学者であるボックスの有名な言葉に「すべてのモデルは間違っているが、いくつかは役に立つ」(All Models are wrong, but some of them are useful.) というものがあります。統計や機械学習に携わるすべての人の心に留めておいてほしい、すばらしい言葉です。この言葉から、モデル選択とは「正しいモデル」ではなく「役に立つモデル」を選択するのだろうとわかります。

しかし、役に立つかどうかなんてとても主観的な尺度ですよね。モデル選択がそのあたりをどう解決しようとしているのか、見ていくことにしましょう。

9.1 モデルの汎化性能

モデル選択では、候補となるモデルのリストの中から一番役に立つモデルを選びます。ということは、まずモデルのリストを用意する必要があります。

候補のモデルのリストと言っても、例えばナイーブベイズ分類器とロジスティック回帰などのような考え方の異なるモデルたちをリストにして、モデル選択手法を直接使ってそのどれかを選ぶ、というようなことは基本的にしません[*1]。

[*1] ナイーブベイズ分類器とロジスティック回帰のような考え方の異なるモデルの比較は、モデルの種類ごとにモデル選択手法を使って後述の汎化性能を推定、その性能を比べることで行われます。

例えばロジスティック回帰ならそれを１つ固定して、そのモデルの入力変数の選択やモデル自体のパラメータ（学習前に固定するもの）によってモデルを変化させ、そうしたバリエーションの中から一番良いモデルを選択するのがモデル選択の主な目的になります。特に入力変数を選択することを変数選択（あるいは特徴選択）と呼ぶこともあります[*2]。

例えば線形回帰問題なら基底関数 $\phi_1(x), \ldots, \phi_M(x)$ の個数や種類を決めるごとにモデルが決まります。分類問題にロジスティック回帰を使うときには、モデルに入力する変数を選んだり変換したりするごとにモデルが決まります。

さて、そうしたモデルのリストから「役に立つモデル」を選びますが、今度は「役に立つモデルとは何か」が問題です。ここでは単純に「役に立つ＝性能の高い」ということにしましょう。ここでモデルの「性能」とは、回帰問題での誤差の平均、分類問題の正解率などといった、データの当てはまり度を表す何かの数値とします[*3]。

すると、候補となる各モデルについて同じ訓練データで学習し、テストデータで測った性能が一番大きい（あるいは一番小さい）モデルを、一番「役に立つ＝性能の高い」モデルとして選べばよさそうです。最終的に選ばれたモデルの性能として、先ほどテストデータで測った性能を報告すれば完璧、のように見えるかもしれません。しかしこの話には落とし穴があります。

機械学習に対して望むことは、新しく来たデータに対して予測や分類が正しく行われることです。訓練データに対しては、それが正しくなるように学習したのですから、正しく予測されることは十分期待できるでしょう。しかし訓練データを無限に用意できない以上、訓練データに含まれないデータも必ずやってきます。そのようなデータに対しても正しく予測できるモデルこそ、本当に「役に立つ」モデルでしょう。

訓練データは「学習後のモデルが知っているデータ」だとすれば、それ以外のデータは「未知のデータ」と表現できます。そして「すべての未知のデータ」

[*2] 変数の変換や取捨選択によってそれぞれ異なるモデルが得られます。例えば、入力変数の交互作用（2 つ以上の変数の組み合わせによって発生する影響）をモデルに組み込むために、変数同士の掛け算を入力に追加することがあります。また、相関が高い入力変数同士があるとき、その両方を入力するとモデルの性能が落ちやすいことが普遍的に知られています（多重共線性）。そのため観測できているすべての変数を入力するより、一部を除外したほうが性能が高いということも珍しくありません。そうした変数の取捨をモデル選択で扱います。

[*3] 分類問題では F 値（p.176 の脚注 16）もよく使われます。

に対して測った性能を**汎化性能**と呼びます。

モデル選択手法も例によっていろいろありますが、「汎化性能が高いモデルを選ぶ」という枠組みは基本的に共通です。汎化性能をどのように計算（推定）するかで手法が分かれます。

通常の機械学習の問題で「すべての未知のデータ」は残念ながら手に入りませんが、未知のデータからのランダムサンプルがあれば、それで求めた性能は汎化性能の期待値となります。

学習に用いたデータは「未知のデータ」ではないため、訓練データで測った性能は汎化性能の期待値に一致しません。実際、訓練データを使って求めた性能は汎化性能より高くなります*4。

訓練データと無関係に用意されたテストデータを「未知のデータからのランダムサンプル」とみなせば、テストデータで測った性能を汎化性能の期待値と考えられます。ということは、テストデータでの性能が一番高いモデルを選び、選んだモデルの性能を改めてテストデータに対する性能で表すという手順で、そのモデルでもっとも良い汎化性能が測れそうに思えますが、残念ながらそれでもまだ不十分です。

モデルを選択するのにテストデータを使った時点で、「選択されたモデルが知っているデータ」になります。それで選ばれたモデルの性能を同じテストデータで測っても、「未知のデータ」に対する性能、つまり汎化性能の期待値にならないのです。実際、モデル選択に使ったデータで測った性能は汎化性能より高い値が求まってしまいます。

これを防ぐには、モデル選択に使うデータと、最終的な性能を測るデータを別に用意する必要があります。最終的な性能を測るデータは従来どおりテストデータ、モデル選択に使うデータは**開発データ**または**検証データ**と呼ばれます。

開発データを使ったモデル選択の基本的な流れは次のようになります。

1. 候補となるモデルそれぞれを訓練データで学習する
2. 学習したモデル達の性能を開発データで測り、一番性能の良いモデルを選ぶ
3. 選ばれたモデルの最終的な性能をテストデータで測る

*4 本書では紹介しませんが、その「訓練データで求めた性能と汎化性能とのズレ」を推定するモデル選択手法もあります（赤池情報量基準など）。

開発データを用いたモデル選択を含む機械学習は、もっとも基本的なアプローチです。データを十分に用意できるなら、この流れに沿って実践することになるでしょう。

しかしいくつかの理由によりこのアプローチを採用できないことがあります。まず一般にデータの整備はとても高コストです。中でも分類問題などで用いる正解付きデータ（教師あり学習）は、人手で正解ラベルを適切な形で割り振る必要があり、データによっては複数人で何ヶ月もかかって作られるものもあります。正解のないデータ（教師なし学習）であっても、データの整形やモデルに適さないデータのフィルタリングなどの手間を惜しむことはできません。医療や地震観測など、倫理的な理由やそもそも観測できる頻度が限られるなどの制約によって、十分と言えるほどのデータを集めることが不可能な場合もあります。

十分なデータを集められなくても、そこから訓練データ・テストデータ・開発データに振り分けなければなりません。このとき訓練データが少ないと、学習後のモデルの性能が低くなりますから、例えば「訓練データの量 : テストデータの量 : 開発データの量 = 8 : 1 : 1」のように訓練データを多めに確保します。

しかし開発データやテストデータが少なくてよいわけではありません。開発データが少ないと推定される汎化性能の分散が大きくなり、その開発データでたまたま性能が高い偏ったモデルが選ばれる可能性が高くなりますから、やはり開発データもそれなりに必要です。テストデータが少ないと、最終的なモデルの汎化性能の推定値の精度が下がりますから、テストデータも少なくてよいとはなりません。データが十分にない場合はこのように典型的で深刻なトレードオフが発生します。そうした場合に使えるのが、次に紹介する交差検証です。

9.2 交差検証

交差検証は「たまたま選ばれた開発データに対する性能だけ高くなるモデルを選んでしまうのが心配なら、いっそ開発データと訓練データを交換してしまえばいいのでは？」というシンプルなアイデアにもとづきます。他に**交差検定**や、英語 cross validation の頭文字を取って **CV** と呼ばれることも多いです[*5]。

まずは単純にデータを2分割する場合の交差検証を考えます。2分割したデータの片方をA、もう片方をBと呼びます。まずデータAを学習に用い、データBで性能を測ります。次に、今度はデータBで学習し、データAで性能を測ります。こうして性能の値が2個得られましたので、その平均をモデルの性能とするのが2分割の交差検証です。

2分割の交差検証は名前どおりでわかりやすいですが、訓練データを多く確保したいという要請を満たせません。そこで、実際の交差検証ではデータをもう少し細かく分けます。ここでは5分割で説明しましょう。データを5分割し、それぞれデータA、B、C、D、Eと呼ぶことにします。まずはデータB、C、D、Eを合わせたものを訓練データとし、それを使ってモデルを学習、データAで性能を測ります。次にデータA、C、D、Eを使ってモデルを学習し、データBで性能を測ります。このように検証用データをA、B、C、D、Eと順に替えながら、訓練と性能測定を5回繰り返し、それらの結果を平均したものを5分割の交差検証の結果とします（**図9.1**）。

交差検証は、細かく分割するほど一度に使う訓練データを増やせるため、より精度の高い汎化性能が得られます。中でも訓練データが最大となるのは「N件のデータをN分割した交差検定」です。つまりデータ$N-1$件で学習、残り1件で検証し、これをN回繰り返して平均を取ります。このもっとも細かい交差検証は、与えられたデータに対するもっともよい汎化性能推定のひとつとして特に重要で、**Leave-one-out交差検証**（一個抜き交差検証）と呼ばれます。

交差検証は汎用性の高い、何をやっているのか直感的にもわかりやすいモデル選択手法であり、少ないデータで性能を最大化したい場合に好んで使われます[*6]。しかし万能のモデル選択手法というわけではありません。データの役割を交換することは、データの独立同分布性を仮定していることに相当します。

---

*5 「交差検定」も十分広く普及した呼称ですが、統計学で使われる仮説検定と混同されかねないため、一部で強く嫌われています。検定は英語でtestですが、「交差検定／検証」はcross validationであり、やはり「交差検証」がより適切な訳語でしょう。

*6 交差検証をそのままモデル選択に用いると、そこで選ばれるモデルはすべてのデータを知っているため、推定される性能が汎化性能より大きくなるという同じ問題があります。そのため厳密な汎化性能を求めたい場合はNested Cross Validationと呼ばれる交差検証を二重化する手法が使われることがあります。**図9.1**の例で説明すると、訓練データB、C、D、Eを再分割して交差検証を行いモデルを選択、テストデータAで選択されたモデルの性能を測定します。これを同様に繰り返し、平均した性能をモデルの汎化性能とします。

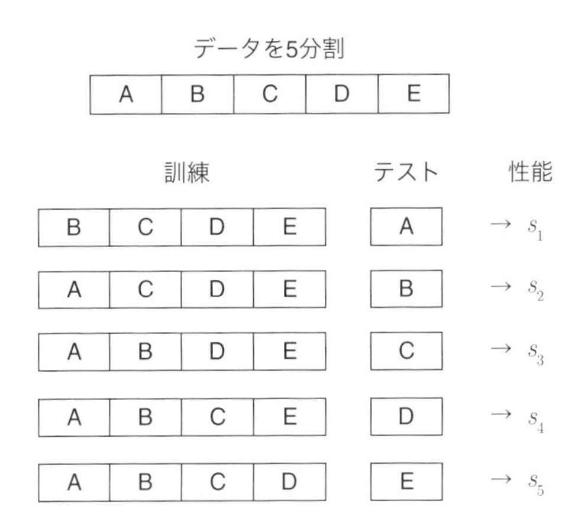

図9.1：5分割交差検証

わかりやすく言えば、データに順序がある場合は交差検証は使えません。また、分割した回数だけ計算時間も増えます。

モデル専用の選択手法（モデルパラメータ決定手法）があれば、そちらのほうが交差検証より効率も推定精度も良い場合があります。

開発データによるモデル選択や交差検証は汎用的なモデル選択手法ですが、その他にも数多くのモデル選択手法はあります。また、ベイズモデルに対して「モデルのもっともらしさ」をベイズ確率で表現することで選択する手法（モデルエビデンス）など、選択されるモデルの種類に応じたモデル選択手法などもあります。

9.3 モデル選択と正則化

4.5 節で過学習（過適合）を紹介しました。簡単に復習すると、学習結果が「訓練データにはよく適合しているが、未知のデータに適合していない状態」を過学習と呼びます。これは訓練データに対する性能は高いが、汎化性能が低い状態、と言い換えられます。

過学習を防ぐには、期待した解が得られるモデルを使うのがひとつの方法です。例えば、欲しい答え（真の解）が3次多項式であるとき、モデルを3次方程式の範囲に限定できれば過学習には陥りにくいでしょう。この正解モデルを最初から知っている場合はそれを使えばよいですが、一般にはもちろん知りませんので、モデル選択によって見つけるというアプローチになります。

過学習を防ぐもうひとつの方法が4.6節で紹介した正則化です。過学習は汎化性能が低いことに等しかったことを思い出すと、正則化は汎化性能を向上するためのモデル選択以外の方法であると言えます。しかしそれだけではなく、正則化を使って汎化性能を推定せずにモデル選択（正確には変数選択）を行うアプローチもあります。

4.6節で紹介した L_2 正則化は、パラメータが0から離れるほどペナルティを与える、つまりパラメータが極端な値になりにくくすることで過学習が抑制されることを期待する手法でした。いくつかの正則化手法では、この「極端になりにくい」の代わりに、「0になりやすい」ペナルティを導入します*7。学習後に0になったパラメータとそれに結びつく入力変数を取り除くことで、過学習を抑えると同時に変数選択を行えます。

変数選択は汎化性能の向上の点でも重要ですが、モデルのパラメータを減らすことで学習済みのモデルを小さくする効果も期待されています。小さいモデルは、コンピュータのメモリ上ですべての計算が完結できるなど、低コスト高速化に恩恵が大きいです。特にスマホやIoTなど、リソースが限られている機器上で機械学習を応用したい事例は増えつづけているので、むしろわずかな性能を犠牲にしてでもモデルを小さくしたいという動機もあります。

*7 そのような正則化でもっとも代表的なものに **LASSO**（L_1 正則化）があります。パラメータの二乗和 $\sum_m w_m^2$ をペナルティーとする L_2 正則化に対し、LASSOではパラメータの絶対値の和 $\sum_m |w_m|$ をペナルティーとします。この関数は0で尖っていることから、パラメータがピッタリ0になりやすい性質がありますが、その点で微分不可能なため計算がとても大変でした。近年は微分不可能な点を含む関数を最適化する手法が発展したことで、LASSOなどの学習と同時にパラメータを削減する手法（スパースモデリングと呼ばれます）がよく使われるようになっています。

第10章

おわりに

第10章 おわりに

機械学習に限らずすべての学問や技術は積み重ねですから、ほうっておくと学ぶべきことはどんどん増えていきます。そうなると、最低限の理解に不要な情報は省かれ、学ぶ順序も最適化され、カリキュラムとして洗練されなければなりません。でなければ学ぶことが多くなりすぎて、あとから生まれた人間は一生をかけても最新技術に追いつけなくなってしまいますからね。

また多くの技術は、最初に作り出されたときには特定の問題に特化していますが、発展する中で同じ考え方を他のさまざまな問題にも応用されるようになります。そこでは本質だけ取り出してフレームワーク（枠組み）化されるということが行われます。確率（第2章）、正規分布（3.6節）、ロジスティック回帰（7.4節）など、本書で紹介した技術のほとんどはその例に当てはまりますし、その他にも三角比はもともと測量のために生み出されましたが、三角関数という形で汎用化され、波のモデルなどにも使われています。

こうしたカリキュラムの整備と抽象化はすべての学問や技術において必須で必然ですが、機械学習のような正解のない問題を解きたいときにはちょっと結構困ります。機械学習では、同じ問題やデータに対してどのモデルをどのように使うか、人によってまったく異なることも珍しくありません。だからこそ「なぜそのモデルを使うか」を説明できることが重要になります。

ところがそれを考えるときに良いヒントとなる「なぜそれを考えたのか」「それを考えると何が嬉しいか」といった経緯や動機は抽象化の過程で失われます。「こういうことを試したけれどダメだった」「今はコレが主流だが、他にもアレやソレという考え方もあった」という情報も教科書には通常載りません。

抽象的な教科書からそうしたロジックを獲得するには、数多くのモデルを知り、自ら実践することでそれらの特性を把握し、最終的にその妥当性を言語化する必要があります。難易度ハードモードですよね[*1]。

本書は「なぜモデルはそのような形をしているか」を考えるヒントをできる限り盛り込みました。そこがわかっていれば、モデルを選ぶ理由（わけ）も説明できます。本書で紹介できたモデルはわずかですが、考え方の根っこは多くのモデルに共通しているので、他のモデルを学ぶときにも役に立つでしょう。

ただ、最後に言うのはなんですが、本書は読んですぐ機械学習を実践できる

---

*1　論文には逆に「なぜこのモデルを選んだか」がしっかり書かれていますから、研究者は論文を多数読むうちにそのロジックの組み立て方を学べます。

ようになる本ではありません。より実用的なモデル、実装の知識とコツ、データの集め方、機械学習の理論。そうした実践に必要になることはそれぞれ別途学ぶ必要があります。

易しめに書かれた本を1冊読むだけで、とある技術をマスターできてしまうなんて、そんなわけないですよね。今も昔も、学問に王道はありません……。

10.1 機械学習を使わないという選択肢

アップルのSiriやアマゾンのAlexaなどの登場で、テキストの音声入力もかなり日常的に使われるようになってきました（機械に話しかけることに抵抗を感じる人もまだまだ多いようですが）。そうした音声入力をある程度使ったことがあれば、どこをどう聞いたらそんな間違いになるのかわからない認識結果に思わず笑ってしまった経験は一度や二度ならずあるでしょう。

OCR（印刷物や写真のテキスト読み取り）もかなり一般的な技術になってきて、使ったことのある人も多いでしょう。特に近年は劇的に性能が上がっており、その実用性を疑う人はほとんどいません。しかし1つの文字を無理やり2つに分割してそれぞれ認識させたようなビックリする間違い（「は」を「しよ」に認識するような間違い）や、段組みを正しく認識できずに文の順序が無茶苦茶になってしまうような間違いは今でもちょいちょいあります。

最近のカメラはリアルタイムの顔認識機能があって、モニターの顔が写っている位置に四角い枠が表示され、笑顔になったらシャッターを切ったり、顔色がきれいになるように明るさやホワイトバランスを調整してくれたりします。ときには、背景のゴチャッとしたところに顔の枠が出て、「いやいや、そんなところに顔あるわけないから〜。え？ なんか見えてるの？」みたいなことも……。

これらはいずれも機械学習の応用です。実用レベルに達する性能を持ち、必ずしも高価ではない機器やサービスに組み込まれ、一般的に使われています。このように身近に使われる機械学習の技術は数々ありますが、それらすべてに共通することは「人間なら絶対しない間違いをたまにする」という点です。うっかりこの性質を忘れると、機械翻訳の結果をノーチェックで使ったトンデモ翻訳で話題になる、みたいな事故が起きます。

もちろん人間に同じ仕事をさせた場合も間違いは起こります。むしろ人間のほうが間違い率は高いかもしれません。最近の機械学習はそれくらい高性能です。しかし平均性能の高さなんかどうでもよくなるくらい、「人間なら絶対しない間違い」は厄介です。特にビジネスとして機械学習の応用を考えている場合は、そのような間違いをひとつでも目にしただけで、システムへの顧客や利用者の信頼はガタ落ちになります。

間違えてほしくない正解を訓練データに追加することで間違える可能性を下げるのがもっとも一般的な対応になるでしょう。しかし機械学習は訓練データに対しても100%正解とは限りませんし、訓練データを追加したら今まで正解していたデータの予測や分類を間違えるようになってしまうこともとてもよくあります（追加したデータと一見全く関係ないにもかかわらず！）。こうした困った特徴を持つ機械学習を使った製品やサービスは、従来型のソフトウェア開発と同じ方法では品質の管理ができません。

AIプロダクト品質保証コンソーシアムが公開している「AIプロダクト品質保証ガイドライン」[*2] には、そうした特徴を持つ機械学習のプロダクトでの品質保証について、その課題や取るべき方針がとてもよくまとまっていますので、参考にしてみるとよいでしょう。

絶対に間違えてほしくないデータのパターンがわかっているなら、そのパターンに合致しているか判定し、合致した場合は機械学習を使わずに決められた正解を返し、それ以外を機械学習で予測するのがもっとも確実です。ルールベースと機械学習のハイブリッドですね[*3]。

実際に機械学習のアプリケーションを作るときにルールを書く羽目になってしまったら、負けたような気分になるかもしれません。しかし、アプリケーション開発の本当の目的は役に立つシステムを作ることのはず。機械学習はそのための手段です。

機械学習がどれくらいの性能を出せるかは、データとモデルの組み合わせに強く依存するため、実際に試してみないとわからないところがあります。試してみて機械学習が期待する性能を出せなかった場合に、カバーできない部分をルールベースで補うことは、機械学習を評価した結果であり、負けではありません。場合によっては、機械学習の採用を取りやめるという決定だってありう

[*2] `http://www.qa4ai.jp/download/`

[*3] 「AIプロダクト品質保証ガイドライン」では、そうした判断の一部を機械学習以外のコンポーネントに割り振ったり、学習データや出力される予測に明らかな問題がないかチェックする機構を備えることを、「AI（機械学習）への寄与度を適切に抑える」として推奨しています。

るでしょう。

せっかく機械学習を勉強したのだから使いたい気持ちもとてもよくわかります。しかしだからこそ、機械学習のような手段は簡単に目的化してしまうという問題があります。それを防ぐために「機械学習を使わない」という選択肢を常に用意しておきたいです。これが、この機械学習の本の一番最後を飾るもっとも重要な心得です。

付録 **A**

本書で用いる数学

本書で用いる数学

機械学習をしっかり身につけるには数学や数式の知識、特に確率と線形代数(ベクトルと行列)、解析（微積分）が必要です。確率については第2章などで解説しています。

この付録では、本書で用いる記号を線形代数と解析を中心に「淡々と」説明します。それらを必要としない方は読み飛ばしてください。

本書では数値は実数の範囲で考えます。点や値の集まりは**集合**で表し、実数全体のなす集合は記号 $\mathbb{R}$ で表します。

集合の中の要素（点や値など）は元（げん）と言います。s が集合 S に含まれることを、記号 $s \in S$ で表します。集合 A のすべての元が S に含まれるとき、A は S の**部分集合**と言い、記号 $A \subset S$ で表します。集合の中身を具体的に書くときは$\{$と$\}$で囲みます。(A.1) を見て、$\in$ と $\subset$ の違いを確認してください。値をひとつも含まない集合を**空（くう）集合**と言い、$\emptyset$ で表します。

$$1 \in \{1, 2, 3\}, \quad \{1, 2\} \subset \{1, 2, 3\} \tag{A.1}$$

添字付けられた数値の列 $a_1, a_2, \ldots, a_N$ があるとき、その総和を $\sum_{n=1}^{N} a_n$、そのすべての積をとった値を $\prod_{n=1}^{N} a_n$ で表します。

$$\sum_{n=1}^{N} a_n = a_1 + a_2 + \cdots + a_N, \quad \prod_{n=1}^{N} a_n = a_1 \times a_2 \times \cdots \times a_N$$

添字が集合 S の元で表されるときは、$\sum_{i \in S} a_i$ と書きます。

A.1 線形代数

線形代数とは、平たく言えば2次元や3次元の空間に結びついていたベクトルや行列を高次元に一般化、抽象化したものです。本節ではあまり抽象化しない形で紹介します。

N 次の**ベクトル**とは、N 個の実数の組です。ベクトルを具体的に表すときに N 個の実数を縦に並べるか（縦ベクトル)、横に並べるか（横ベクトル）を約束事として決めておく必要があります。一般的な線形代数では縦ベクトルを用い、機械学習も多くはそれにならいますから、本書でも特に断りがない限りベクトルと言えば縦ベクトルを表します。(A.2) は4次のベクトルの例です。

$$\begin{pmatrix} 1.5 \\ 2.0 \\ -0.3 \\ 5.1 \end{pmatrix} \tag{A.2}$$

N 次のベクトルは N 個の実数の組ですから、N 次元の実空間の点に対応させられます。N 次元空間は記号 $\mathbb{R}^N$ で表します。

ベクトルは $\boldsymbol{a}, \boldsymbol{x}, \boldsymbol{\phi}$ など、ボールド（太字）のアルファベット小文字で表します。(A.3) は 10 次のベクトル $\boldsymbol{x}$ を 1 つ取ることを表しています。

$$\boldsymbol{x} \in \mathbb{R}^{10} \tag{A.3}$$

行列は縦横にそれぞれ決まった個数の実数を格子状に並べたものとして表現されます。プログラミングの言葉では、ベクトルは 1 次元の配列、行列は 2 次元の配列に相当します。行列の横並びの数値を**行**、縦並びを**列**と言います。行列の行数が M、列数が N であるとき、M 行 N 列の行列と言います。行列を構成する各数値を**成分**（要素と呼ぶこともあります）、縦 m 番目、横 n 番目の成分を (m, n) 成分と言います。

行列は $\boldsymbol{A}, \boldsymbol{X}, \boldsymbol{\Phi}$ など、ボールドのアルファベット大文字で表します。その (m, n) 成分は a_{mn} のように添え字付きの小文字で表します。(A.4) は 2 行 4 列の行列 $\boldsymbol{A}$ です。$\boldsymbol{A}$ の $(1, 3)$ 成分は $a_{13} = -0.5$ です。

$$\boldsymbol{A} = \begin{pmatrix} a_{11} & a_{12} & a_{13} & a_{14} \\ a_{21} & a_{22} & a_{23} & a_{24} \end{pmatrix} = \begin{pmatrix} -0.4 & 2.0 & -0.5 & 1.8 \\ 6.2 & -2.5 & -3.4 & 0.9 \end{pmatrix} \tag{A.4}$$

行列の行と列を入れ替えたものを**転置**と言い、$\boldsymbol{A}$ の転置行列を $\boldsymbol{A}^\top$ と表します。$\boldsymbol{A}$ が M 行 N 列の行列であるとき、その転置行列 $\boldsymbol{A}^\top$ は N 行 M 列の行列となります。

$$\boldsymbol{A} = \begin{pmatrix} a_{11} & a_{12} & \cdots & a_{1N} \\ a_{21} & a_{22} & \cdots & a_{2N} \\ \vdots & \vdots & \ddots & \vdots \\ a_{M1} & a_{M2} & \cdots & a_{MN} \end{pmatrix}, \quad \boldsymbol{A}^\top = \begin{pmatrix} a_{11} & a_{21} & \cdots & a_{M1} \\ a_{12} & a_{22} & \cdots & a_{M2} \\ \vdots & \vdots & \ddots & \vdots \\ a_{1N} & a_{2N} & \cdots & a_{MN} \end{pmatrix}$$

転置してもとの行列と一致、つまり $\boldsymbol{A} = \boldsymbol{A}^\top$ であるような行列を**対称行列**と言います。

先に言ったとおり、ベクトルは値を縦に並べたものを考えます。特に横ベクトルを表したい場合は、ベクトルを転置して表現します。

$$\boldsymbol{x} = \begin{pmatrix} x_1 \\ x_2 \\ \vdots \\ x_D \end{pmatrix}, \quad \boldsymbol{x}^\top = (x_1 x_2 \cdots x_D)$$

D 次元の縦ベクトルは D 行 1 列の行列とみなします。これは行列とベクトルの積を考えるときに重要になります。

行列の 1 行や 1 列をベクトルとみなせます。これらをそれぞれ**行ベクトル**、**列ベクトル**と言います。(A.4) の行列 $\boldsymbol{A}$ の第 1 列ベクトルは $\begin{pmatrix} -0.4 \\ 6.2 \end{pmatrix}$ です。このように縦ベクトルの具体的表記は縦に長くなってしまうため、文章中ではもっぱら $(-0.4\ 6.2)^\top$ と横ベクトルを転置する形で表します。

同じ次数のベクトル $\boldsymbol{x}, \boldsymbol{y}$ に対し、ベクトルの和 $\boldsymbol{x} + \boldsymbol{y}$ を要素ごとに和をとったベクトルで定義します。差 $\boldsymbol{x} - \boldsymbol{y}$ も同様に定義します。ベクトル $\boldsymbol{x}$ と実数 a に対し、$\boldsymbol{x}$ の a 倍 $a\boldsymbol{x}$ を、$\boldsymbol{x}$ のすべての要素を a 倍したものとします。行列についても同様に和と差、実数倍を定義します。

N 個の D 次のベクトル $\boldsymbol{x}_1, \ldots, \boldsymbol{x}_N \in \mathbb{R}^D$ と実数 $a_1, \ldots, a_N$ に対し、$a_1\boldsymbol{x}_1 + \cdots + a_N\boldsymbol{x}_N$ はやはり D 次のベクトルとなります。この形の数式を**線形結合**あるいは**一次結合**と言います。N 個の関数 $f_1(x), \ldots, f_N(x)$ に対して、$a_1 f_1(x) + \cdots + a_N f_N(x)$ の形もまた関数となります。これも同様に線形結合と呼ばれます[*1]。

D 次のベクトル $\boldsymbol{a}, \boldsymbol{b}$ に対し、その**内積**を (A.5) のように定義します。

$$\boldsymbol{a} \cdot \boldsymbol{b} = \sum_n a_n b_n \tag{A.5}$$

特に同じベクトル同士の内積 $\boldsymbol{a} \cdot \boldsymbol{a}$ を $|\boldsymbol{a}|^2$ と書きます。その正の平方根 $|\boldsymbol{a}|$ は特に $\boldsymbol{a}$ を 2 次元実空間上の点とみなしたときの原点からのユークリッド距

[*1] 関数を一般化したベクトル空間の元と考えると、関数の線形結合はベクトルの線形結合と同じものになります。本書ではベクトル空間を一般化した定義を紹介していないため、本文のような説明を行っています。

離に一致します。これをベクトル $\boldsymbol{a}$ の**絶対値**、あるいは**(2乗)ノルム**と呼びます。

行列 $\boldsymbol{A}, \boldsymbol{B}$ に対し、$\boldsymbol{A}$ の列数と $\boldsymbol{B}$ の行数が一致しているとき、行列の積 $\boldsymbol{AB}$ が定義できます。I 行 J 列の行列 $\boldsymbol{A}$ の (i, j) 成分を a_{ij}、J 行 K 列の $\boldsymbol{B}$ の (j, k) 成分を b_{jk} とすると、積 $\boldsymbol{AB}$ は I 行 K 列の行列となり、その (i, k) 成分 c_{ik} は (A.6) で定義します。

$$c_{ik} = \sum_{j=1}^{J} a_{ij} b_{jk} \tag{A.6}$$

また行列の積の転置に対しては $(\boldsymbol{AB})^\top = \boldsymbol{B}^\top \boldsymbol{A}^\top$ が成り立ちます。

実数 a, b の積については常に $ab = ba$ が成り立ちますが、行列では一般に $\boldsymbol{AB} = \boldsymbol{BA}$ は成り立ちません。そもそも 積 $\boldsymbol{AB}$ が定義できても、その逆の $\boldsymbol{BA}$ も定義できるとは限りません。実数のような積の交換が等しいことを**可換**、行列のような積の交換が一般に一致しないことを**非可換**と言います。

N 次のベクトルを N 行 1 列の行列とみなすことで、行列とベクトルの積を考えられます。特に N 次ベクトル $\boldsymbol{a}, \boldsymbol{b}$ に対し、$\boldsymbol{a}^\top \boldsymbol{b}$ は 1 行 1 列の行列となり、その唯一の成分は内積 $\boldsymbol{a} \cdot \boldsymbol{b}$ に一致します。そこで $\boldsymbol{a}^\top \boldsymbol{b}$ は行列ではなく数値とみなし、内積 $\boldsymbol{a} \cdot \boldsymbol{b}$ と同一視します (A.7)。この記号で表すと行列との演算が行いやすいため、機械学習では $\boldsymbol{a}^\top \boldsymbol{b}$ で内積を表すのが一般的です。

$$\boldsymbol{a}^\top \boldsymbol{b} = \boldsymbol{a} \cdot \boldsymbol{b} = \sum_{n} a_n b_n \tag{A.7}$$

この他にも、機械学習では同じ大きさの行列同士の各成分の積を取ったものもよく用いられます。この 2 種類の積は同時にもよく使われるので、通常の行列の積を**行列積**、要素ごとの積を**要素積**などと区別します。要素積を表す記号は一般に定着しているものはなく、書籍や論文によって異なるものが使われています。本書では $c_{ij} = a_{ij} b_{ij}$ のように成分ごとの積の形で表現します。

行数と列数が等しい行列を**正方行列**と言います。正方行列の行数をその**次数**と言います。**単位行列**とは、正方行列の対角線のみが 1 で残りは 0 であるような行列で、$\boldsymbol{I}$ で表します (A.8)。

$$I = \begin{pmatrix} 1 & 0 & \cdots & 0 \\ 0 & 1 & \cdots & 0 \\ \vdots & \vdots & \ddots & \vdots \\ 0 & 0 & \cdots & 1 \end{pmatrix} \tag{A.8}$$

単位行列は数値の 1 に相当し、同じ次数の任意の正方行列と積をとると、もとの正方行列となります。

$$\boldsymbol{AI} = \boldsymbol{IA} = \boldsymbol{A}$$

正方行列 $\boldsymbol{A}$ と積をとると単位行列 $\boldsymbol{I}$ になる行列を $\boldsymbol{A}$ の**逆行列**と言い、$\boldsymbol{A}^{-1}$ と表します。逆行列は存在すればただひとつであり、$\boldsymbol{AA}^{-1} = \boldsymbol{A}^{-1}\boldsymbol{A} = \boldsymbol{I}$ となります。

逆行列が存在するには、**行列式**の値が 0 ではないことが必要十分条件となります。行列式の定義と導入は長くなるので、本書では割愛します。正方行列 $\boldsymbol{A}$ に対し、その行列式（determinant）は $|\boldsymbol{A}|$ または $\det\boldsymbol{A}$ と表し、どちらの記号もよく使われます。本書では $|\boldsymbol{A}|$ を用います[*2]。

A.2 解析

点 $x = a$ のまわりで定義される実関数 $f(x)$ に対し、(両側) 極限 $\lim_{x \to a} f(x)$ が $f(a)$ に一致するとき、$x = a$ において**連続**と言います。また連続かつ (A.9) の極限が定義できるとき、$f(x)$ は $x = a$ において**微分可能**と言います。そのときの (A.9) の値を $f'(a)$ と書き、$x = a$ における $f(x)$ の**微分係数**と呼びます。

$$f'(a) = \lim_{x \to a} \frac{f(x) - f(a)}{x - a} \tag{A.9}$$

$y = f(x)$ をグラフに描くと、連続は $x = a$ において「つながっている」、微分可能は「折れ曲がっていない」という直感的な認識に対応します。また $\frac{f(x)-f(a)}{x-a}$ は区間 $[a, x]$ での傾きであり、微分係数は区間を 0 に縮めたときの傾き、つまり $x = a$ におけるグラフの傾きに相当します。

[*2] 「行列式」という不思議な名前は和算の流れをくむ日本固有のもので、英語の determinant は「判別式」の意味です。もともと連立方程式の解の存在を判別するためのものだったところから来ています。

実関数 $f(x)$ が、その定義域上のすべての点で微分可能であるとき、関数 $f(x)$ は微分可能と言い、その各点 $x = a$ で微分係数 $f'(a)$ を返す関数 $f'(x)$ を**導関数**、関数 $f(x)$ から導関数 $f'(x)$ を求めることを**微分**と呼びます。このように微分は導関数を求める操作を指しますが、導関数 $f'(x)$ を $f(x)$ の微分と呼ぶことも多いです。$f'(x)$ は $\frac{df}{dx}(x)$ や $\frac{df}{dx}$ とも表します。

$\mathbb{R}^D$ 上の関数 $f(x_1, \ldots, x_D)$ について、変数のひとつ x_i を選び、他の変数は値を固定することで導関数を同様に考えられます。具体的には、点 $(a_1, \ldots, a_D) \in \mathbb{R}^D$ での x_i に関する導関数を (A.10) のように定義します。これを x_i に関する**偏微分**と言い、$\frac{\partial f}{\partial x_i}$ で表します。偏微分 $\frac{\partial f}{\partial x_i}$ は、x_i 軸方向の傾きに相当します。

$$\frac{\partial f}{\partial x_i}(a_1, \ldots, a_D) = \lim_{cx_i \to a_i} \frac{f(a_1, \ldots, x_i, \ldots, a_D) - f(a_1, \ldots, a_i, \ldots, a_D)}{x_i - a_i} \tag{A.10}$$

$(x_1, \ldots, x_D)$ や $(a_1, \ldots, a_D)$ は D 次元空間 $\mathbb{R}^D$ の点とみなすことで、D 次のベクトル $\boldsymbol{x} = \begin{pmatrix} x_1 \\ \vdots \\ x_D \end{pmatrix}$ や $\boldsymbol{a} = \begin{pmatrix} a_1 \\ \vdots \\ a_D \end{pmatrix}$ で表現できます。変数 $x_1, \ldots, x_D$ それぞれについての偏微分 $\frac{\partial f}{\partial x_i}$ $(i = 1, \ldots, D)$ は、D 個の組の値を定めますから、これも同様に D 次のベクトルで表現できます (A.11)。この D 次元空間上で各点ごとに傾きを束ねたベクトルや、それを返す関数を**勾配**(こうばい)と呼び、記号 $\frac{\partial f}{\partial \boldsymbol{x}}$ で表します (A.11) 。

$$\frac{\partial f}{\partial \boldsymbol{x}}(\boldsymbol{a}) = \begin{pmatrix} \frac{\partial f}{\partial x_1}(\boldsymbol{a}) \\ \vdots \\ \frac{\partial f}{\partial x_D}(\boldsymbol{a}) \end{pmatrix} \tag{A.11}$$

実数関数 $f(x), g(x)$ に対し、$f(g(x))$ という新しい関数を考えられます。これを**合成関数**と言います。合成関数の微分は (A.12) のように展開できます。

$$\frac{d}{dx} f(g(x)) = f'(g(x)) \cdot g'(x) \tag{A.12}$$

$a \leq x \leq b$ を含む領域上で定義された常に 0 以上の値を取る連続関数 $f(x)$ に対し、関数のグラフと $x = a, x = b, y = 0$ によって囲まれる部分の面積を求めることを**定積分**、または単に**積分**と言い、その面積を記号 $\int_a^b f(x)dx$ で表します。このとき領域 $a \leq x \leq b$ を**積分区間**と言います。

積分区間の分割は面積の分割となるので、(A.13) が成り立ちます。

$$\int_a^b f(x)dx = \int_a^c f(x)dx + \int_c^b f(x)dx \tag{A.13}$$

値が負である関数の定積分は面積の負の値と定義し、0 未満の値も取る一般の関数の定積分は、その値が正である区間と負である区間に分割して、それぞれ区間ごとに積分を計算し、(A.13) よりその合計を求めます。$a > b$ である場合 $\int_a^b f(x)dx$ をその面積の負の値とします (A.14)。

$$\int_b^a f(x)dx = -\int_a^b f(x)dx \tag{A.14}$$

定積分 $\int_a^b f(x)dx$ において $x = b$ を動かすことによって、$f(x)$ の定義域上での関数 $F(x)$ で $F(b) = \int_a^b f(x)dx$ を満たすようなものが考えられます。この関数 $F(x)$ を $f(x)$ の**不定積分**と呼びます。$F(x)$ は $x = a$ の選び方によって唯一に定まらない定数分の自由度があるため「不定」の名がついています。例えば $f(x) = x$ に対し、$a = 0$ のとき $\int_0^b xdx = \frac{1}{2}b^2$ ですが、$a = 1$ のとき $\int_1^b xdx = \frac{1}{2}b^2 - \frac{1}{2}$ です。この不定な定数を**積分定数**と呼び、一般に不定積分は $F(x) = \frac{1}{2}x^2 + C$ のように積分定数 C を含んで表されます。

連続関数 $f(x)$ とその不定積分 $F(x)$ があるとき、$F(x)$ を微分すると $f(x)$ に戻ります（微積分学の第一定理）。また、積分区間 $a \leq x \leq b$ での $f(x)$ の定積分 $\int_a^b f(x)dx$ は $F(b) - F(a)$ に一致します（微積分学の第二定理）。これらの定理より、不定積分 $F(x)$ を任意の x に対して計算可能な形で求められれば積分の問題はすべて解けますが、実用的な問題においては対象の関数がまったく積分できないということが珍しくありません。

機械学習でもよく積分が必要となるため、積分をいかに攻略するかが鍵となります。本書で紹介する機械学習は「積分を計算できる範囲で考える」という一番王道なアプローチのものですが、高性能で複雑になるとその範囲で考えることはできなくなりますから、「正確には計算できないから、近似解を求める」「計算しないで済む方法を考える」などの手の込んだ手法がさまざまに考えられています。

$a > 0$ に対し、対数関数 $\log_a x$ を、$a^y = x$ となるような y の値を取る関数 $\log_a x = y$ と定義します。a を対数の底と言い、特に定数 $e = \lim_{n\to\infty}\left(1 + \frac{1}{n}\right)^n = 2.718\ldots$ を自然対数の底（またはネイピア数）と言います。e を底とする自然対数 $\log_e$ は e を省略して log と書かれます。ln (log natural、自然対数) という記法が使われることも多いです。

log は自然指数関数 $\exp x = e^x$ の逆関数でもあります。e を「自然」と呼ぶのは、a^x の微分について、$a = e$ のときに限り $\frac{d}{dx}a^x = a^x$ が成り立つことに由来します。

記号／英数字

あ行

か行

さ行

た行

な行

は行

ま行

や行

ら行

●著者略歴

中谷 秀洋（なかたに しゅうよう）

サイボウズ・ラボ(株)所属。子供のころからプログラムと小説を書き、現在は機械学習や自然言語処理、VRを中心とした研究開発に携わる。著書に『[プログラミング体感まんが]ぺたスクリプト ── もしもプログラミングできるシールがあったなら』(技術評論社)がある。

●本書サポートページ

https://gihyo.jp/book/2019/978-4-297-10740-6

本書記載の情報の修正、訂正、補足については当該Webページで行います。

装丁・本文デザイン……西岡裕二
編集……村下昇平
組版協力……加藤文明社

わけがわかる機械学習

現実の問題を解くために、しくみを理解する

2019年9月10日　初版第1刷発行

著者……中谷 秀洋
発行者……片岡 巌
発行所……株式会社技術評論社
東京都新宿区市谷左内町21-13
TEL：03-3513-6150(販売促進部)
TEL：03-3513-6177(雑誌編集部)
印刷／製本……株式会社加藤文明社

●定価はカバーに表示してあります。

●造本には細心の注意を払っておりますが、万一乱丁(ページの乱れ)や落丁(ページの抜け)がございましたら、小社販売促進部までお送りください。送料小社負担にてお取り替えいたします。

ISBN 978-4-297-10740-6 C3055
Printed in Japan

●お問い合わせについて

本書に関するご質問は記載内容についてのみとさせていただきます。本書の内容に関係のないご質問には一切お答えできませんので、あらかじめご了承ください。また、お電話でのご質問は受け付けておりません。書面、FAXまたは小社Webサイトのお問い合わせフォームをご利用ください。

〒162-0846
東京都新宿区市谷左内町21-13
株式会社技術評論社
『わけがわかる機械学習』係
FAX：03-3513-6173
URL：https://gihyo.jp/

ご質問の際には、書名と該当ページ、返信先を明記くださいますよう、お願いいたします。また、お送りいただいたご質問にはできる限り迅速にお答えできるよう努力しておりますが、場合によってはお時間を頂戴することがあります。回答の期日をご指定いただいても、ご希望にお応えできるとは限りませんので、あらかじめご了承ください。

ご質問の際に記載いただいた個人情報を回答以外の目的に使用することはありません。使用後はすみやかに個人情報を破棄します。